大瑶山两栖爬行动物图谱

ATLAS OF AMPHIBIANS AND REPTILES IN THE DAYAO MOUNTAIN

陈伟才 覃琨 编著

广西科学技术出版社

图书在版编目（CIP）数据

大瑶山两栖爬行动物图谱 / 陈伟才，覃琨编著 . — 南宁：广西科学技术出版社，2021.12
ISBN 978-7-5551-1661-5

Ⅰ . ①大… Ⅱ . ①陈… ②覃… Ⅲ . ①两栖动物—广西—图谱 ②爬行纲—广西—图谱 Ⅳ . ① Q959.5-64 ② Q959.6-64

中国版本图书馆 CIP 数据核字（2021）第 216169 号

DA YAO SHAN LIANGQI PAXING DONGWU TUPU
大瑶山两栖爬行动物图谱
陈伟才　覃　琨　编著

策划编辑：池庆松　　　　责任编辑：邓　霞　朱　燕
责任校对：苏深灿　　　　美术编辑：梁　良
责任印制：韦文印

出 版 人：卢培钊
出版发行：广西科学技术出版社
社　　址：广西南宁市东葛路 66 号
邮政编码：530023
网　　址：http://www.gxkjs.com

经　　销：全国各地新华书店
印　　刷：广西民族印刷包装集团有限公司
地　　址：南宁市高新区高新三路 1 号
邮政编码：530007
开　　本：889mm × 1194mm　1/16
字　　数：195 千字
印　　张：21.5
版　　次：2021 年 12 月第 1 版
印　　次：2021 年 12 月第 1 次印刷
书　　号：ISBN 978-7-5551-1661-5
定　　价：268.00 元

《大瑶山两栖爬行动物图谱》
编委会

主　任　胡宝清　蔡会德

主　编　陈伟才　覃　琨

编　委（按姓氏笔画排序）

龙　清　卢　峰　苏宏新　陈崇征　罗蔚生　粟通萍

摄影者（按图片提供数量排名）

覃　琨　陈伟才　莫运明　谭　飞　龙春华　郭　鹏
向高世　农正权　刘晟源　陈天波　农祝光　余桂东

参加野外工作人员（按姓氏笔画排序）

广西壮族自治区森林资源与生态环境监测中心：

韦　毅　文　娟　冯国文　兰秀美　刘　频　李　伟
李晓勇　李高章　罗　捷　莫剑锋　徐占勇　黄志平
蒋冬敏　蒙　检　谭必增

广西大瑶山国家级自然保护区：

文达传　孙　卓　苏文硕　吴健生　陈科达　涂小娟
盘莫琳　谢嘉利　谭海明

支持单位

南宁师范大学
广西壮族自治区森林资源与生态环境监测中心

大瑶山位于广西壮族自治区来宾市金秀瑶族自治县，地处岭南山地南
缘，是华中区向华南区过渡地带，生物多样性丰富。该区域具显著亚热带山
地气候特点，典型植被类型为亚热带常绿阔叶林。据初步统计，该区域陆生
野生脊椎动物近 500 种，其中不乏中国特有种和广西特有种。

由于特殊的地理位置和丰富的生物多样性，大瑶山历来受到动植物学
家高度关注。早在 1928 年，任国荣等中山大学师生就在大瑶山开展科考工
作，发表了《广西瑶山鸟类之研究》。1960 年，刘承钊和胡淑琴对大瑶山两
栖爬行动物进行了调查，发表了《广西两栖爬行动物初步调查报告》。198
年，李汉华等发表了《瑶山鸟类调查初报》。之后，国内外大量学者到大
瑶山开展科学考察工作，发表了大量研究论文。据统计，以大瑶山作为模
式产地发表的陆生脊椎动物物种有金额雀鹛（*Alcippe variegaticeps*）、广西
后棱蛇（*Opisthotropis guangxiensis*）、鳄蜥（*Shinisaurus crocodilurus*）、细痣
疣螈（*Tylototriton asperrimus*）、瑶山肥螈（*Pachytriton inexpectatus*）、无斑
瘰螈（*Paramesotriton labiatus*）、强婚刺铃蟾（*Bombina fortinuptialis*）、瑶琴
蛙（*Nidirana yaoica*）、棘侧蛙（*Quasipaa shini*）、金秀纤树蛙（*Gracixalus
jinxiuensis*）、白斑棱皮树蛙（*Theloderma albopunctatum*）、红吸盘棱皮树蛙
（*Theloderma rhododiscus*）、瑶山树蛙（*Zhangixalus yaoshanensis*）、侏树蛙
（*Zhangixalus minimus*）等。由此可见，广西大瑶山在我国动物界特别是两栖
爬行动物界有着十分重要的地位。

近十年来，我们一直在大瑶山开展两栖爬行动物研究，收集和拍摄到了
大瑶山大部分的两栖爬行动物图片。现把图片资料收集整理，为科研工作者
和动物爱好者提供基础参考资料。

本图谱的编著及野外工作得到了南宁师范大学北部湾环境演变与资源利
用教育部重点实验室、广西地表过程与智能模拟重点实验室、广西壮族自治
区森林资源与生态环境监测中心、国家自然科学基金（32060116）及广西自
然科学基金项目（2020GXNSFDA238022）的资助。广西壮族自治区森林资
源与生态环境监测中心、广西大瑶山国家级自然保护区和大瑶山森林站的工
作人员参与了大量的野外工作，在此表示衷心感谢！

限于时间及学识水平，难免出现纰漏和不足，恳请读者给予批评指正

目 录

爬行纲 Reptilia

大瑶山自然环境概况

大瑶山山脉位于广西中东部，山脉主体位于广西来宾市金秀瑶族自治县境内，并向四周县市延伸，包括象州县、武宣县、鹿寨县、蒙山县、荔浦市和桂平市。地理坐标范围：东经109°50′—110°27′，北纬23°40′—24°28′，总面积25 594.7 hm^2。大瑶山地貌属桂东北中山和峰林石山，主峰圣堂山海拔1 979 m，为桂中最高峰。金秀瑶族自治县境内河流众多，有镇中河、长垌河、平道河、金秀河等25条，其中流域面积在50 km^2以上的河流就有13条，涵盖柳江水系、浔江水系和桂江水系。大瑶山河流流域面积为2 009.76 km^2，河流总长度为1 684 km，河网密度为0.84 km/km^2，高于中国河网密度平均值。年产水量为$23.5×10^8$ m^3，年平均流量为74.4 m^3/s。年均降水量为1 319.3—2 333.8 mm，丰水期在4—8月份，枯水期在11月至翌年2月。年均日照1 268.6 h，年均气温为17.0 ℃，其中年均最高气温为21.7 ℃，年均最低气温为13.8 ℃，年均相对湿度为83%。大瑶山气候带属于南亚热带和中亚热带的过渡地带，山体延绵，地形地貌复杂，植被类型丰富，具有南亚热带和中亚热带森林植物区系的特点。初步统计有野生维管植物1 757种，其中中国特有科1科，即大血藤科；中国特有属18属，即银杉属、长苞铁杉属、白豆杉属、拟单性木兰属、大血藤属、石笔木属、辛木属、棱果花属、半枫荷属、伞花树属、伯乐树属、青钱柳属、喜树属、匙叶草属、瑶山苣苔属、马铃苣苔属、丫药花属、箬竹属。以“瑶山”地名命名的植物物种有30余种，如瑶山鳞毛蕨（*Dryopteris subassamensis*）、瑶山轴脉蕨（*Ctenitopsis sinii*）、瑶山瓦韦（*Lepisorus kuchensis*）、瑶山木姜子（*Litsea yaoshanensis*）、瑶山润楠（*Machilus yaoshanensis*）等。广西大瑶山国家级自然保护区内常见的植被类型有常绿阔叶林、常绿阔叶针叶混交林、针叶林、竹林、山顶矮林等。植被垂直分布规律明显。其中大瑶山南部有4个植被垂直带：季雨林化常绿阔叶林带（1 000 m以下）、山地常绿阔叶林带（1 000—1 400 m）、中山针阔混交林和针叶林带（1 200—1 500 m）、山顶苔藓矮林带（1 400—1 500 m）。大瑶山北部有3个植被垂直带：典型常绿阔叶林带（1 300 m以下）、中山针阔混交林与山地常绿阔叶林带（1 300—1 600 m）和山顶苔藓矮林带（1 400 m以上）。由上可见，大瑶山植被类型多样、特有和珍稀物种丰富，具有重要的研究和保护价值。

大瑶山动物资源概况

综合文献资料及野外实地考察结果，广西大瑶山国家级自然保护区已知陆栖脊椎野生动物分属4纲27目97科481种，其中两栖动物55种，爬行动物86种，鸟类287种，兽类54种。其中，模式产地为大瑶山的动物物种有金额雀鹛（*Alcippe variegaticeps*）、广西后棱蛇（*Opisthotropis guangxiensis*）、鳄蜥（*Shinisaurus crocodilurus*）、细痣疣螈（*Tylototriton asperrimus*）、瑶山肥螈（*Pachytriton inexpectatus*）、无斑瘰螈（*Paramesotriton labiatus*）、强婚刺铃蟾（*Bombina fortinuptialis*）、瑶琴蛙（*Nidirana yaoica*）、棘侧蛙（*Quasipaa shini*）、金秀纤树蛙（*Gracixalus jinxiuensis*）、白斑棱皮树蛙（*Theloderma albopunctatum*）、红吸盘棱皮树蛙（*Theloderma rhododiscus*）、瑶山树蛙（*Zhangixalus yaoshanensis*）、侏树蛙（*Zhangixalus minimus*）等，大部分都是两栖爬行动物。本书共收录两栖动物48种，其中，有尾目4种（隐鳃鲵科1种，蝾螈科3种），无尾目44种（铃蟾科1种，角蟾科6种，蟾蜍科2种，雨蛙科3种，蛙科11种，叉舌蛙科5种，树蛙科12种，姬蛙科4种）。两栖动物区系组成以华中华南区种类占主要地位，华中区成分高于华南区成分，具有华中区向华南区过渡地带特点。本书共收录爬行动物79种，其中，龟鳖目2种（平胸龟科、地龟科各有1种），有鳞目77种（壁虎科3种，石龙子科8种，蜥蜴科2种，蛇蜥科1种，鳄蜥科1种，鬣蜥科3种，盲蛇科1种，闪鳞蛇科1种，蟒科1种，闪皮蛇科1种，钝头蛇科3种，蝰科7种，水蛇科2种，鳗形蛇科1种，眼镜蛇科5种，游蛇科37种）。爬行动物区系组成以华中华南区种类占主要地位，华南区成分高于华中区，具有华中区向华南区过渡地带特点。

随着研究的不断深入，对一些原来报道的物种进行了修订，如广西棱皮树蛙（*Theloderma kwangsiensis*）是越南苔藓蛙（*Theloderma corticale*）的同物异名，鉴于越南苔藓蛙的分布范围，现中文名为北部湾棱皮树蛙（*Theloderma corticale*）；弹琴蛙（*Nidirana adenopleura*）修订为瑶琴蛙（*Nidirana yaoica*）；宽头短腿蟾（*Megophrys carinense*）暂定为珀普短腿蟾（*Brachytarsophrys popei*）；掌突蟾属物种暂定为福建掌突蟾（*Leptobrachella liui*）。

两栖纲 Amphibia

一、有尾目

CAUDATA

（一）隐鳃鲵科 Cryptobranchidae

1. 大鲵属 *Andrias* Tschudi，1837

（1）中国大鲵 *Andrias davidianus*（Blanchard，1871）

物种简介：体长约 1 000 mm，最大能达到 2 000 mm。头扁平，头长大于头宽；吻端钝圆，鼻孔小而圆，位于眼前上方；眼无眼睑，位于头顶上方两侧，眼间距宽；上唇褶皱清晰可见；颈部褶皱明显；躯干扁而粗壮，具肋沟 12—15 条；前肢粗短，后肢略长于前肢；第 4 指及第 3—5 趾具缘膜；尾端钝圆；体表光滑；头部背腹面小疣粒成对排列；体侧纵行肤褶明显，上、下方具疣粒；体色多变，通常为棕褐色，也有褐、浅褐、黄土、灰褐和浅棕等色，背腹面有不规则黑斑。生活于海拔 2 000 m 以下的山区溪流、深潭或地下溶洞中，对水质要求较高。成体单独生活，夜间出来活动，白天则藏匿在深潭或石洞之中。繁殖季节在 7—9 月，有护卵行为。中国大鲵分布较广，华中、华南和西南地区都有分布。

保护状况：国家二级保护动物

中国脊椎动物红色名录：极危（CR）

世界自然保护联盟（IUCN）濒危物种红色名录：极危（CR）

濒危野生动植物种国际贸易公约（CITES）：附录 I

（二）蝾螈科 Salamandridae

2. 疣螈属 *Tylototriton* Anderson，1871

（2）细痣疣螈 *Tylototriton asperrimus* Unterstein，1930

模式产地：金秀大瑶山

物种简介：体长 110—140 mm。头扁，头宽大于头长；吻端平截，鼻孔近吻端；头侧棱脊明显；头背具 V 形棱脊并与背部中央棱脊相连；无唇褶、颈褶及肋沟；犁骨齿呈 ∧ 形；四肢纤细；指、趾无缘膜；尾侧扁，末端钝尖；雄性肛孔纵长，内壁有小乳突，雌性肛孔呈圆形略隆起；除指、趾、肛部和尾部下缘为橘红色，通体黑褐色；皮肤粗糙，满布瘰粒和疣粒，体背两侧有圆形瘰粒 13—16 枚，排成纵行，瘰粒间界线明显。生活于海拔 800—1 500 m 的山区静水塘。夜行性，夜间外出捕食昆虫、蚯蚓等，日间则藏匿于枯枝落叶下。成螈营陆栖生活。繁殖季节在 4—6 月，卵群呈堆状，贴于潮湿泥土或叶片间。幼体在静水塘内生活，当年完成变态。细痣疣螈主要分布在华南地区，国外分布在越南北部。

保护状况：国家二级保护动物

中国脊椎动物红色名录：近危（NT）

世界自然保护联盟（IUCN）濒危物种红色名录：近危（NT）

濒危野生动植物种国际贸易公约（CITES）：附录Ⅱ

（二）蝾螈科 Salamandridae

3. 肥螈属 *Pachytriton* Boulenger，1878

（3）瑶山肥螈 *Pachytriton inexpectatus* Nishikawa，Jiang，Matsui and Mo，2011

模式产地：金秀大瑶山

物种简介：雄螈全长 120—200 mm，雌螈全长 140—210 mm。体型略显粗壮；头扁平，头长大于头宽；吻钝圆，鼻孔极近吻端；唇褶和颈褶明显，肋沟 11 条；上、下颌具细齿；犁骨齿呈∧形；四肢较短；指、趾无蹼，但具缘膜；尾基宽厚，往后逐渐侧扁，末端钝圆；雄性肛孔纵长，内壁有乳突，繁殖季节肛部肥肿明显，雌性肛孔短，内壁无乳突；体背棕褐色或黄褐色，无斑；腹面有不规则橘红色或橘黄色大斑块；四肢腹面和尾下缘亦具橘红色斑；皮肤光滑，体侧和尾部有细横皱纹；咽喉部有纵肤褶。成螈生活于海拔 900—1 800 m 林区平缓的山溪内，水质清澈，底部多石沙。成螈以水栖为主，白天藏匿于溪沟内，夜间到缓水区觅食，以小型昆虫为食。繁殖季节在 4—7 月，产卵 30—50 粒，黏附于水中石头或枯枝落叶之上。受刺激或被抓捕后，瑶山肥螈会分泌大量黏液。中国特有种，分布于贵州、湖南和广西。

保护状况：中国脊椎动物红色名录：易危（VU）

世界自然保护联盟（IUCN）濒危物种红色名录：无危（LC）

（二）蝾螈科 Salamandridae

4. 瘰螈属 *Paramesotriton* Chang，1935

（4）无斑瘰螈 *Paramesotriton labiatus*（Unterstein，1930）

模式产地：金秀大瑶山

物种简介：雄螈全长 92—128 mm，雌螈全长 94—138 mm。头扁平，头长大于头宽；吻端平切；头侧无腺质棱脊；体背中央背棱略隆起；唇褶和颈褶不明显；上、下颌具细齿；犁骨齿呈∧形；指、趾间无蹼及缘膜；无掌突，无蹠突；尾基较粗，向后逐渐侧扁，末端钝圆；尾褶略显；雄性肛孔隆起、长，内壁有绒毛状乳突，雌性肛孔微凸、短，无乳突；生活时体背橄榄褐色或棕褐色，散布有褐色斑点；腹部灰褐色，有不规则橘红色或淡黄色斑；尾下缘橘红色。栖息于海拔 800—1 300 m 的山间溪流之中，溪流通常宽 3—4 m，溪内多石沙，夜间外出觅食。在大瑶山，无斑瘰螈和瑶山肥螈同域分布。

保护状况：国家二级保护动物

中国脊椎动物红色名录：易危（VU）

濒危野生动植物种国际贸易公约（CITES）：附录Ⅱ

二、无尾目

ANURA

（三）铃蟾科 Bombinatoridae

5. 铃蟾属 *Bombina* Oken，1816

（5）强婚刺铃蟾 *Bombina fortinuptialis* Hu and Wu，1978

模式产地：金秀大瑶山

物种简介：雄蟾体长 50—65 mm，雌蟾体长 50—64 mm。体型中等大小；头长小于头宽；鼻孔近吻端，吻棱不显；无鼓膜，无声囊；指、趾端钝圆，指间具蹼迹，趾间具微蹼，无趾关节下瘤；头体背面皮肤粗糙，布满大小不一的粗大疣粒，腹面皮肤光滑；背面体色或灰黑色或灰棕色或紫褐色，四肢背面有黑色横纹，腹部紫褐色，具橘红色或橘黄色不规则斑，其中胸部和股腹面斑纹略对称。成体生活于海拔 1 000—1 800 m 的林区内，非繁殖季节营陆生生活。繁殖季节在 4—6 月，期间成体在林区静水坑、水沟繁殖，有护卵习性。广西特有种，分布于广西金秀、龙胜、平南。

保护状况：中国脊椎动物红色名录：易危（VU）

（四）角蟾科 Megophryidae

6. 拟髭蟾属 *Leptobrachium* Tschudi，1838

（6）崇安髭蟾 *Leptobrachium liui*（Pope，1947）

物种简介：雄蟾体长 60—95 mm，雌蟾体长 55—90 mm。头扁平，头长小于头宽；吻宽圆；鼓膜不明显；瞳孔纵置；上颌有齿；无犁骨齿；雄蟾具单咽下内声囊；指、趾端圆，指间无蹼，趾间具微蹼；繁殖季节雄蟾上唇缘左、右两侧各有一枚锥状角质刺，雌蟾相应部位为橘红色点；皮肤粗糙，体背和四肢背面有网状肤棱；体侧和腹面布满浅白色颗粒。生活于海拔 800—1 800 m 常绿阔叶林内，成体营陆生生活。繁殖季节为 11 月至翌年 2 月，卵产于溪沟石头下，呈块状。蝌蚪要 2—3 年才能完成变态，42 期蝌蚪有成人拇指大小。

保护状况：中国脊椎动物红色名录：近危（NT）

（四）角蟾科 Megophryidae

7. 掌突蟾属 *Leptobrachella* Smith，1925

（7）福建掌突蟾 *Leptobrachella liui*（Fei and Ye，1990）

物种简介：雄蟾体长 20—30 mm，雌蟾体长 21—32 mm。头长、宽近乎相等；吻端钝圆；鼓膜清晰明显；瞳孔纵置；无犁骨齿；雄蟾具单咽下内声囊；指、趾端为圆球状，趾具宽侧缘膜，趾间具蹼迹；体背皮肤有小疣粒，肩基部上方有乳黄色芝麻大小腺体，肛部侧缘有腺体，股腺距膝关节较远，腹侧有连成一线的乳白色腺体；体背棕褐色，两眼间具深色三角形斑；腹面光滑，无斑。生活于 600—1 400 m 阔叶林的山溪周边。繁殖季节在 4—6 月，期间在溪沟的石边或灌丛上鸣叫，音大而尖。非繁殖季节则栖息在阔叶林中。

保护状况：中国脊椎动物红色名录：无危（LC）

（四）角蟾科 Megophryidae

8. 短腿蟾属 *Brachytarsophrys* Tian and Hu，1983

（8）珀普短腿蟾 *Brachytarsophrys popei*（Boulenger，1889）

物种简介： 雄蟾体长 70—85 mm，雌蟾体长 80—90 mm。头宽大扁平，头长小于头宽；吻端钝圆；鼓膜模糊不清；上颌有齿；犁骨齿为两小团；雄蟾具单咽下内声囊；四肢粗壮；指、趾端略圆；指侧无缘膜，趾侧均有显著的缘膜；指间无蹼，趾间约 1/4 蹼；上眼睑有 2—5 个锥形疣质角；皮肤光滑，体背棕黄色或灰棕色，两眼间有深色三角形斑；腹部紫灰色，具褐色斑纹。生活于海拔 500—2 000 m 植被繁茂的阔叶林山区流溪附近。繁殖季节在 8—10 月，常藏匿于溪沟的石缝或洞穴中，发出洪亮的“喔喔”鸣叫声。

保护状况： 世界自然保护联盟（IUCN）濒危物种红色名录：近危（NT）

（四）角蟾科 Megophryidae

9. 角蟾属 *Megophrys* Kuhl and Van Hasselt，1822

（9）短肢角蟾 *Megophrys brachykolos* Inger and Romer，1961

物种简介：雄蟾体长 34—40 mm，雌蟾体长 34—46 mm。头长小于头宽；吻呈盾形；上眼睑具角质疣；瞳孔纵置；鼓膜明显，颞褶细；上颌有齿；无犁骨齿；雄蟾具单咽下内声囊；指、趾末端略圆，指、趾间无蹼，趾关节下瘤不明显；皮肤光滑，体背面有小疣粒和肤棱；具腋腺和股后腺；背面深褐色，有网状斑纹，两眼间有深色三角形斑纹；腹面浅黄色，密布紫灰色或紫褐色斑纹，咽喉部正中和两侧多有黑色纵纹；前后肢具深色横纹。生活于海拔 300—800 m 的常绿阔叶林小溪流及其附近。繁殖季节在 5—8 月，期间雄蟾发出连续的短促鸣声。

保护状况：中国脊椎动物红色名录：易危（VU）

世界自然保护联盟（IUCN）濒危物种红色名录：濒危（EN）

（四）角蟾科 Megophryidae

9. 角蟾属 *Megophrys* Kuhl and Van Hasselt，1822

（10）莽山角蟾 *Megophrys mangshanensis* Fei and Ye，1990

物种简介：雄蟾体长 55—65 mm，雌蟾体长 65—75 mm。头略扁，头长小于头宽；吻端钝圆，上颌明显突出于下颌；吻棱显著；鼓膜大而清晰；上颌有齿；具犁骨齿；雄蟾具单咽下内声囊；指、趾端为圆球状；趾侧无缘膜；指、趾间无蹼；无趾关节下瘤；上眼睑具角质突；上唇缘有锯齿状乳突；具腋腺和股后腺；上颌后缘有乳黄色斑块；皮肤光滑，散布有小疣粒，背部有 V 形细肤棱，眼间具深色三角形斑；腹部皮肤光滑，紫褐色，喉部有小斑点；股后部有黑色和乳白色斑。生活于海拔 800—1 200 m 山区阔叶林的溪沟附近。繁殖季节在 5—7 月，雄蟾会在溪沟边鸣叫。

保护状况：中国脊椎动物红色名录：近危（NT）

世界自然保护联盟（IUCN）濒危物种红色名录：近危（NT）

（四）角蟾科 Megophryidae

9. 角蟾属 *Megophrys* Kuhl and Van Hasselt，1822

（11）棘指角蟾 *Megophrys spinata* Liu and Hu，1973

物种简介：成体体长 50—55 mm，为中等大小的角蟾。头略扁平，头长小于头宽；吻端平切似盾形，吻棱明显；鼓膜大而清晰；颞褶宽厚；雄蟾具单咽下内声囊；指、趾端钝圆；趾侧缘膜宽；指、趾约半蹼；犁骨齿弱，呈 V 形。皮肤粗糙，布满细小痣粒，头侧痣粒上有小黑刺；背部有 V 形肤棱，体侧有纵肤棱，肤棱有小黑刺；有胸腺和股腺；腹部皮肤光滑；体背颜色以棕色为主，两眼间有褐色三角形斑，上、下唇有深色纵纹；四肢有浅色的横斑；咽喉部两侧及正中共有 3 条镶浅色边的深色纵纹；胸腹部及体侧有灰棕色斑纹；股腹面橘红色。生活于海拔 800—1 800 m 的山区森林。繁殖季节在 5—7 月，夜间雄蟾在溪沟石头上或灌丛枝叶上发出“呷呷呷”的连续鸣声。

保护状况：中国脊椎动物红色名录：无危（LC）

世界自然保护联盟（IUCN）濒危物种红色名录：无危（LC）

（五）蟾蜍科 Bufonidae

10. 头棱蟾属 *Duttaphrynus* Frost，Grant，Faivovich et al.，2006

（12）黑眶蟾蜍 *Duttaphrynus melanostictus*（Schneider，1799）

物种简介： 雄蟾体长 65—85 mm，雌蟾体长 90—120 mm。头长小于头宽；吻端钝圆，吻棱为黑色骨质棱；鼓膜大而清晰；耳后腺体隆起明显；雄蟾具单咽下内声囊；前肢细弱，后肢短粗；指、趾端圆，黑色；指侧缘膜微弱；趾侧有缘膜；指间无蹼，趾间具半蹼；趾关节下瘤不明显；背面体色多变，通常为棕褐色、黄棕色；皮肤粗糙，全身密布大小不等的疣粒；腹部乳黄色，密布小疣粒，疣粒上有黑色角质刺。生活于海拔 1 700 m 以下的各种环境中，营陆生生活。繁殖期在 5—8 月，成蟾大量集中在静水塘抱对繁殖，雌蟾产下双行或单行排列黑色卵带。

保护状况： 中国脊椎动物红色名录：无危（LC）

世界自然保护联盟（IUCN）濒危物种红色名录：无危（LC）

（五）蟾蜍科 Bufonidae

11. 蟾蜍属 *Bufo* Garsault，1764

（13）中华蟾蜍 *Bufo gargarizans* Cantor，1842

物种简介：雄蟾体长 62—106 mm，雌蟾体长 70—121 mm。头长大于头宽；吻端圆且高，吻棱明显；鼓膜清晰；无犁骨齿，无声囊；前后肢皆粗壮；指端略圆；趾端钝尖；指侧缘膜弱，而趾侧缘膜显著；指间具微蹼，第 4 趾具半蹼，其余各趾约 1/3 蹼；指、趾关节下瘤不显著；内蹠突大而长，外蹠突小而圆；皮肤十分粗糙，背面满布圆形瘰疣，疣粒上有一枚黑刺；耳后腺隆起明显；腹面满布疣粒；四肢布满瘰粒；体背面颜色变异较大，通常为棕褐色或浅棕色，眼下沿乳白色，背部部分斑点为白色；腹面为土黄色或浅黄色，有深褐色云斑。栖息于海拔 2 000 m 以下的多种生境中，见于草丛、灌丛、土堆等潮湿环境，以蚯蚓、昆虫、蜗牛等为食。繁殖季节在 12 月至翌年 2 月，进入静水水域繁殖，卵带呈双行附着于水草或枯枝上。

保护状况：中国脊椎动物红色名录：无危（LC）

世界自然保护联盟（IUCN）濒危物种红色名录：无危（LC）

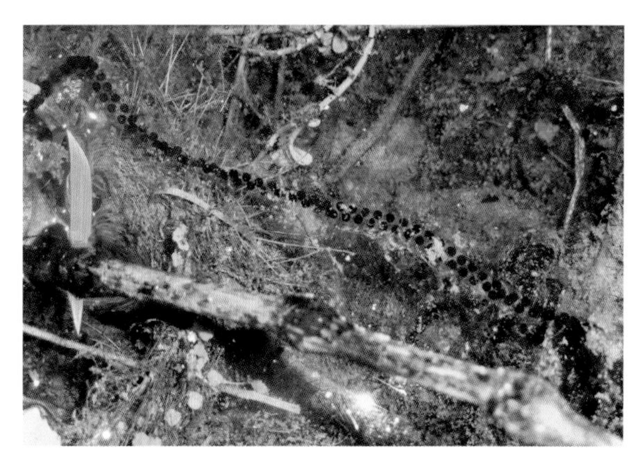

（六）雨蛙科 Hylidae

12. 雨蛙属 *Hyla* Laurenti，1768

（14）华南雨蛙 *Hyla simplex* Boettger，1901

物种简介：雄蛙体长 30—40 mm，雌蛙体长 35—45 mm。头长、宽近乎相等；吻棱明显；鼓膜圆而明显；上颌有齿；犁骨齿呈∧形；雄蛙具单咽下外声囊；指、趾端有吸盘和边缘沟；指间基部有蹼迹，外侧 3 趾间具半蹼；体背皮肤光滑，绿色，无斑；腹部布满疣粒，乳黄色，体背和腹面颜色分明；体侧、四肢没有黑色斑点。生活于海拔 1 500 m 以下农耕地、灌草丛、芭蕉林等环境中，雨后在枝叶上鸣叫，其声响亮。繁殖季节在 3—5 月。分布于广东、广西和海南。

保护状况：中国脊椎动物红色名录：无危（LC）

世界自然保护联盟（IUCN）濒危物种红色名录：无危（LC）

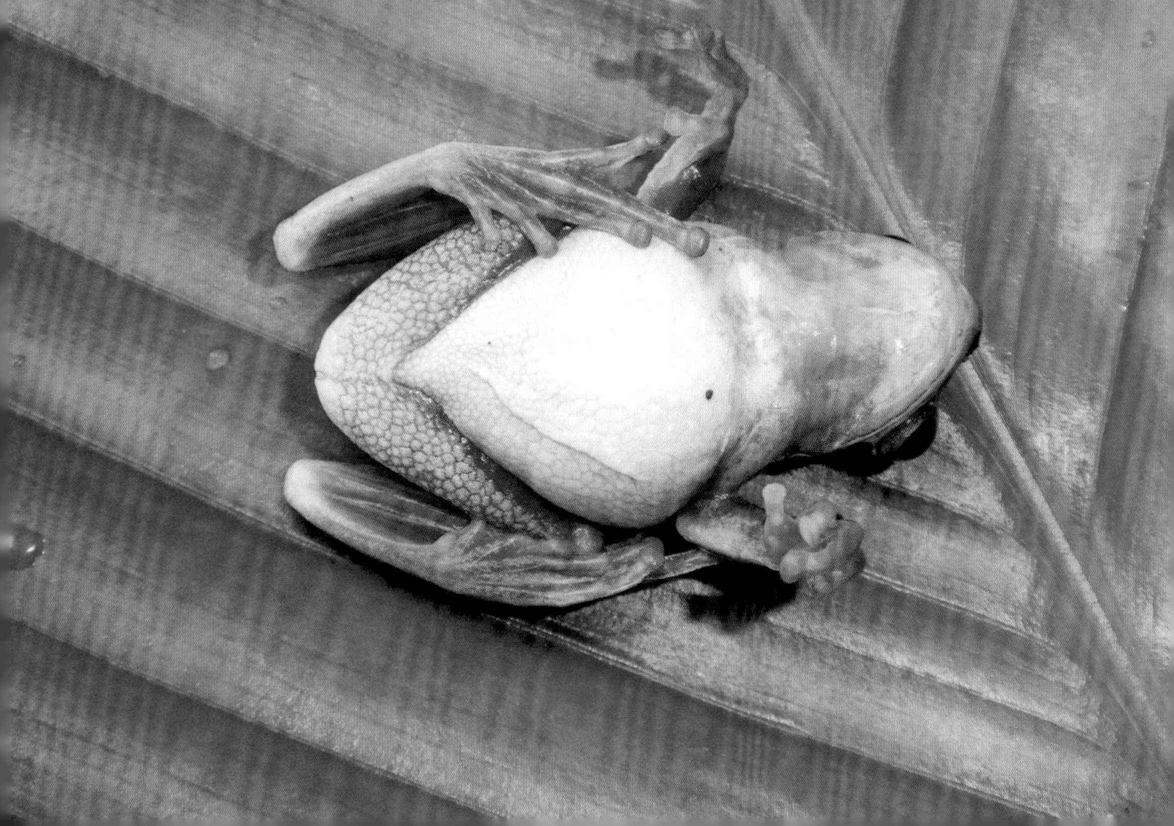

（六）雨蛙科 Hylidae

12. 雨蛙属 *Hyla* Laurenti，1768

（15）中国雨蛙 *Hyla chinensis* Günther，1858

物种简介：雄蛙体长 30—33 mm，雌蛙体长 29—38 mm。头长略小于头宽；吻端钝圆，吻棱明显；鼓膜小而圆；上颌具齿，犁骨齿为两小团；雄蛙具单咽下外声囊；指、趾端有吸盘和边缘沟；指间基部具微蹼，外侧 3 趾间具 2/3 蹼；体背皮肤光滑无斑，草绿色；腹部密布颗粒疣，乳黄色，繁殖期雄蛙喉部浅灰褐色；由吻端至颞褶达肩部有一条清晰的深棕色细线纹，在眼后鼓膜下方又有一条棕色细线纹，在肩部会合成三角形斑；体侧和股前后有数量不等的黑斑点；跗足部棕色。生活于海拔 1 000 m 以下灌丛、农耕地等环境。繁殖季节在 4—6 月，雨后多在植物叶片上鸣叫。广泛分布于华中、华南等地。

保护状况：中国脊椎动物红色名录：无危（LC）

世界自然保护联盟（IUCN）濒危物种红色名录：无危（LC）

（六）雨蛙科 Hylidae

12. 雨蛙属 *Hyla* Laurenti，1768

（16）三港雨蛙 *Hyla sanchiangensis* Pope，1929

物种简介：雄蛙体长 30—35 mm，雌蛙体长 32—38 mm。头长略小于头宽；吻端钝圆而高，吻棱明显；上颌有齿，犁骨齿呈两小团；雄蛙具单咽下外声囊；指、趾端有吸盘和边缘沟；指间具微蹼，外侧 2 指间蹼较发达；趾间几乎为全蹼；体背皮肤光滑，呈草绿或黄绿色，眼前下方至口角有一明显的灰白色斑；眼后、肩部有深棕色线纹；腹部密布颗粒疣，浅黄色；体侧前段浅棕色，体侧后段、股后浅黄色，其上有数量不等的近圆形黑斑；手和跗足部棕色。生活于海拔 500—1 600 m 的山区农耕地和灌草丛。繁殖季节在 5—6 月。鸣叫时前肢直立，发出响亮的“格阿格阿”声。华中、华南都有分布。

保护状况：中国脊椎动物红色名录：无危（LC）

世界自然保护联盟（IUCN）濒危物种红色名录：无危（LC）

（七）蛙科 Ranidae

13. 蛙属 *Rana* Linnaeus，1758

（17）越南趾沟蛙 *Rana johnsi* Smith，1921

物种简介：雄蛙体长 39—47 mm，雌蛙体长 43—49 mm。头长与头宽几乎相等；吻端钝圆，上颌略突出于下颌；吻棱明显；鼓膜可见；颞侧褶略显；背侧褶细直而明显；鼓膜清晰可见；具犁骨齿；雄蛙具 1 对咽侧下内声囊；繁殖期雄蛙第 1 指基部膨大明显；指、趾端略膨大形成小吸盘，且具腹侧沟；指间无蹼，趾间近全蹼；体背皮肤略粗糙，其上散布有少量的疣粒，后肢背面肤棱明显可见；腹部光滑；生活时体色以土棕色、浅棕色常见；颞部有一块深色斑几乎覆盖整个鼓膜区域；四肢背、腹面交接处有黑色斑。生活在海拔 460—1 200 m 的林区内。繁殖季节在 8—10 月，常在林区的静水坑内繁殖。国内分布于广西、海南、重庆以及广东西部。

保护状况：中国脊椎动物红色名录：无危（LC）

世界自然保护联盟（IUCN）濒危物种红色名录：无危（LC）

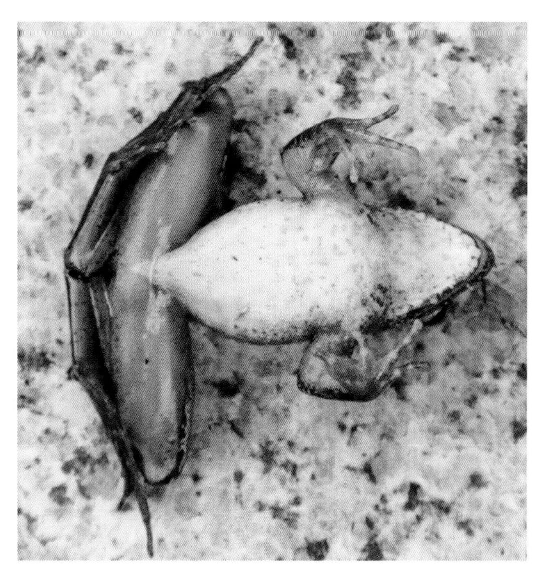

（七）蛙科 Ranidae

14. 水蛙属 *Hylarana* Tschudi，1838

（18）沼水蛙 *Hylarana guentheri*（Boulenger，1882）

物种简介：雄蛙体长 60—70 mm，雌蛙体长 70—85 mm。头长大于头宽；吻长尖，末端钝圆，吻棱明显；鼓膜圆且明显；犁骨齿两斜列；雄蛙具咽侧下外声囊；背侧褶明显且平直；四肢纤细，指、趾细长；指端钝圆无腹侧沟；趾端钝圆具腹侧沟；指、趾间蹼发达，满蹼；背部皮肤光滑，散布有少量小疣粒，体侧、股后和股内侧疣粒略多；颌腺大而明显，淡黄色；腹部光滑无斑，乳黄色；体色以浅棕色为主，因生活环境不同而略有变化；四肢有 3—4 条深色横纹。生活于海拔 1 400 m 以下的各种生境，主要栖息于静水塘、稻田和水坑等环境。繁殖季节在 4—7 月，雄蛙发出响亮的“呱”声。广布种，广泛分布于华中、华南和华西等地区。

保护状况：中国脊椎动物红色名录：无危（LC）

世界自然保护联盟（IUCN）濒危物种红色名录：无危（LC）

（七）蛙科 Ranidae

14. 水蛙属 *Hylarana* Tschudi，1838

（19）阔褶水蛙 *Hylarana latouchii*（Boulenger，1899）

物种简介：雄蛙体长 38—42 mm，雌蛙体长 47—55 mm。头长大于头宽；吻短，末端钝圆，吻棱明显；鼓膜明显；犁骨齿呈两小团；雄蛙具咽侧内声囊；背侧褶宽厚明显，自眼后角至胯部，其中部最宽；指端钝圆无腹侧沟；趾端膨大呈吸盘状且有腹侧沟；趾间具半蹼；皮肤粗糙，背面密布小疣粒；体背土砖红色，自吻端沿背侧褶下方有黑带；颌腺明显，乳黄色；体侧有不规则黑斑；四肢背面有深色黑斑；腹面浅黄色，无斑。生活于海拔 1 500 m 以下的平原、丘陵和山地，栖息于水田、水池和水沟等环境。繁殖季节在 3—5 月。广泛分布于华中、华南地区。

保护状况：中国脊椎动物红色名录：无危（LC）

世界自然保护联盟（IUCN）濒危物种红色名录：无危（LC）

（七）蛙科 Ranidae

14. 水蛙属 *Hylarana* Tschudi，1838

（20）长趾纤蛙 *Hylarana macrodactyla* Günther，1858

物种简介：雄蛙体长 28 mm 左右，雌蛙体长 40 mm 左右。头长明显大于头宽；吻长，吻端突出于下颌甚多；鼓膜大而清晰；犁骨齿两斜行；背侧褶细窄；指端略膨大，第 1 指无腹侧沟，其他指有腹侧沟；趾间蹼不发达；皮肤较光滑；颌腺和股后腺明显；腹面光滑，股后部有扁平疣；体背鲜绿色或深棕色；鼓膜及体侧棕色；从吻部到肛部一般都有 1 条黄色脊线。生活于海拔 300 m 以下稻田、水塘、水沟边灌草丛中。繁殖季节在 7—9 月。国内分布于广东、香港、澳门、海南、广西。

保护状况：中国脊椎动物红色名录：近危（NT）

世界自然保护联盟（IUCN）濒危物种红色名录：无危（LC）

（七）蛙科 Ranidae

14. 水蛙属 *Hylarana* Tschudi，1838

（21）台北纤蛙 *Hylarana taipehensis*（Van Denburgh，1909）

物种简介：雄蛙体长 29 mm 左右，雌蛙体长 39 mm 左右，体形纤细。头长大于头宽；吻长尖，吻端突出于下颌甚多，吻端明显；鼓膜大而明显；无声囊；犁骨齿两斜行；四肢细长；指端略膨大成窄长的吸盘，吸盘具腹侧沟，第 1 指仅成球状，无沟；指微具缘膜；趾间蹼不甚发达；皮肤光滑，散布有细小白刺粒；颌腺和股后腺大而明显；腹面皮肤光滑，浅黄色；体背棕色或绿色，背侧褶金黄色，两边衬有细棕色线。生活于海拔 600 m 以下的稻田、水塘或流溪附近灌草丛中。繁殖季节在 5—7 月。国内分布于云南、贵州、福建、台湾、广东、广西、香港、海南。

保护状况：中国脊椎动物红色名录：近危（NT）

世界自然保护联盟（IUCN）濒危物种红色名录：无危（LC）

（七）蛙科 Ranidae

15. 琴蛙属 *Nidirana* Dubois，1992

（22）瑶琴蛙 *Nidirana yaoica* Lyu，Mo，Wan，Li，Pang and Wang，2019

模式产地：金秀大瑶山

物种简介：雄蛙体长 40—46 mm，雌蛙体长 60—65 mm。头长大于头宽；吻端钝圆，上颌略突出于下颌；吻棱明显；鼓膜圆且明显；颞侧褶缺失；具犁骨齿；雄蛙具 1 对咽侧下声囊；繁殖季节雄蛙第 1 指婚垫明显；背侧褶明显；指、趾端略膨大形成吸盘，且具腹侧沟；指间具微蹼，趾间约 1/3 蹼；指、趾关节下瘤发达；体背皮肤在头部和躯干部前端光滑，躯干后端粗糙，具疣粒；背侧褶下沿有密集的大疣粒；嘴角前沿至肩有乳白色疣粒；四肢有肤棱和疣粒；腹面和股部腹面皮肤光滑；生活时体色以土灰色、土棕色常见，背部有不规则深褐色斑点，背侧褶下沿具黑色斑块；四肢具褐色横斑；腹部乳白色，股部腹面浅肉白；股后侧有淡黄与褐色相互掺杂的不规则斑纹。生活于海拔 1 000—1 700 m 阔叶林内的水坑或水塘内。繁殖季节在 3—6 月。目前仅知分布在金秀大瑶山。

保护状况：未评价

（七）蛙科 Ranidae

16. 臭蛙属 *Odorrana* Fei，Ye and Huang，1990

（23）竹叶蛙 *Odorrana versabilis*（Liu and Hu，1962）

物种简介：雄蛙体长 50—72 mm，雌蛙体长 70—83 mm。头扁平，头长大于头宽；吻长，上颌明显突出于下颌，其中雄蛙尤甚；鼓膜清晰；犁骨齿两短斜列；雄蛙具 1 对咽侧下内声囊；指、趾端膨大形成吸盘且具腹侧沟；趾关节下瘤发达；体背和腹面皮肤光滑；背侧褶平直而明显；无颞褶；颌腺明显；沿上颌缘有 1 排锯齿状乳突；体色以棕色为主，少数个体呈绿色；两眼间有白色的松果体；四肢有 5 条深色的横纹；腹部乳黄色，喉部有云斑，雄蛙繁殖期更加明显。生活于海拔 400—1 800 m 林木茂密的山区溪流内及其附近，特别是 3—4 月繁殖期，大量个体集中到溪流附近活动。分布于贵州、江西、湖南、广东和广西。

保护状况：中国脊椎动物红色名录：近危（NT）

世界自然保护联盟（IUCN）濒危物种红色名录：无危（LC）

（七）蛙科 Ranidae

16. 臭蛙属 *Odorrana* Fei，Ye and Huang，1990

（24）大绿臭蛙 *Odorrana graminea*（Boulenger，1899）

物种简介：雄蛙体长 45—53 mm，雌蛙体长 85—102 mm，雌雄个体差异很大。头扁平，头长大于头宽；吻端钝圆，上颌略突出于下颌；鼓膜大而圆；犁骨齿两短斜行；雄蛙具 1 对咽侧外声囊；指、趾端膨大形成明显的吸盘且具腹侧沟，纵径略大于横径；趾关节下瘤突出明显；背部和腹部皮肤光滑，背侧褶略显；颌腺明显；眼间具松果体小白点；背部颜色草绿或鲜绿色，四肢有深色横纹；趾蹼略带紫色；腹面乳白色。生活于海拔 1 800 m 以下茂密林区，多在中大型溪沟活动，夜间在溪沟附近石头上活动。繁殖季节在 4—6 月。分布范围广，华东、华中、华南和西南地区均有分布。

保护状况：中国脊椎动物红色名录：无危（LC）

世界自然保护联盟（IUCN）濒危物种红色名录：数据缺乏（DD）

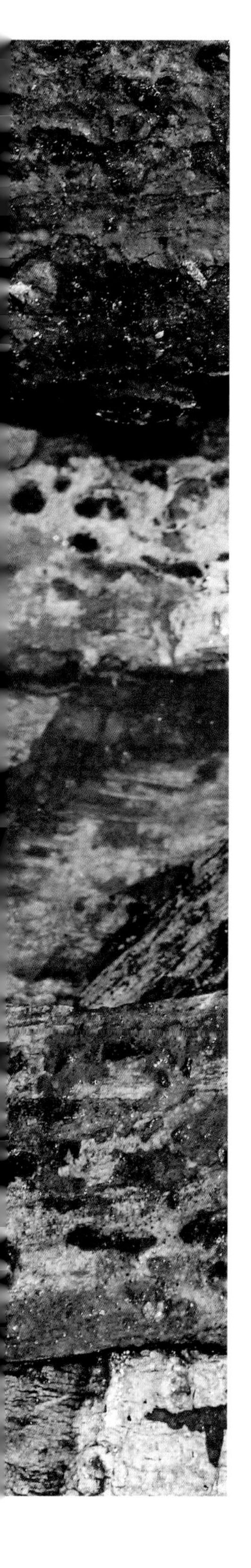

（七）蛙科 Ranidae

16. 臭蛙属 *Odorrana* Fei，Ye and Huang，1990

（25）花臭蛙 *Odorrana schmackeri*（Boettger，1892）

物种简介：雄蛙体长 40—48 mm，雌蛙体长 75—85 mm，雌雄个体大小差异明显。头长与头宽几乎相等；吻端钝圆，上颌突出于下颌；吻棱明显；鼓膜大圆；犁骨齿为两斜行；指、趾关节下瘤明显；指、趾末端膨大成吸盘，纵径大于横径，具腹侧沟；指、趾间蹼发达，其中趾间全蹼；体背布满深浅线纹，成凹凸状；体侧有扁平疣；两眼间具松果体，白色；上下颌交合处有 2—3 颗大小不等的腺体；生活时背部颜色以绿色为主，其上有棕褐色或褐黑色大斑点；沿颞褶下方色深，而鼓膜色浅，上、下唇缘有棕褐色斑；四肢棕色或浅棕色，具深色横纹；腹面乳黄色。生活于海拔 200—1 800 m 林区溪沟内，周围植物茂密，潮湿，成蛙喜欢蹲在溪沟的岩石上。繁殖季节在 5—8 月。分布范围广，华东、华中、华南地区均有分布。

保护状况：中国脊椎动物红色名录：无危（LC）

世界自然保护联盟（IUCN）濒危物种红色名录：无危（LC）

（七）蛙科 Ranidae

17. 湍蛙属 *Amolops* Cope，1865

（26）华南湍蛙 *Amolops ricketti*（Boulenger，1899）

物种简介：雄蛙体长 52—58 mm，雌蛙体长 55—60 mm。头扁，头长略小于头宽；吻端钝圆，上颌略突出于下颌；吻棱明显；鼓膜小且清晰可见；犁骨齿发达；繁殖期雄蛙第 1 指基部乳黄色；指、趾端膨大形成吸盘，具边缘沟；指、趾关节下瘤明显；指间无蹼，趾间全蹼；体背皮肤粗糙，密布细小疣粒，其间散布有大的疣粒，体侧疣粒大且多；颞侧褶明显，达肩部；生活时体背颜色以黄绿色或茶褐色为主，具深棕色斑纹，四肢亦具深色横斑；眼间白色松果体可见；体腹面乳白色。生活于海拔 400—1 900 m 林区山溪内。繁殖季节在 5—6 月，蝌蚪腹部有吸盘。华中、华南和西南有分布。

保护状况：中国脊椎动物红色名录：无危（LC）

世界自然保护联盟（IUCN）濒危物种红色名录：无危（LC）

（七）蛙科 Ranidae

17. 湍蛙属 *Amolops* Cope，1865

（27）崇安湍蛙 *Amolops chunganensis*（Pope，1929）

物种简介：雄蛙体长 34—39 mm，雌蛙体长 44—54 mm。头扁，头长略大于头宽；吻端钝圆，上颌突出于下颌；吻棱明显；鼓膜清晰可见，颞侧褶略显；犁骨齿呈\/形；雄蛙具 1 对咽侧下外声囊；背侧褶平直；繁殖期雄蛙第 1 指婚垫大，上有细颗粒；指、趾膨大形成吸盘且具边缘沟，趾吸盘略小于指吸盘；指、趾关节下瘤明显；指、趾蹼发达，特别是趾蹼几乎达到趾端；生活时体背皮肤光滑，颜色以橄榄绿、茶褐色或棕色常见；体侧淡草绿色，下缘乳黄具浅棕色斑；四肢背部与体背同色，具深色横纹；腹面淡黄色，在喉、胸部有灰褐色云斑。生活于海拔 600—1 800 m 森林繁茂的山区。非繁殖季节栖息于林内，繁殖季节则到溪沟繁殖，通常在 5—7 月繁殖。蝌蚪腹部有一大吸盘，可在激流中吸附石头而不被冲走。华中、华南和西南有分布。

保护状况：中国脊椎动物红色名录：无危（LC）

世界自然保护联盟（IUCN）濒危物种红色名录：无危（LC）

（八）叉舌蛙科 Dicroglossidae

18. 陆蛙属 *Fejervarya* Bolkay，1915

（28）泽陆蛙 *Fejervarya multistriata*（Hallowell，1860）

物种简介：雄蛙体长 38—42 mm，雌蛙体长 43—49 mm。头长略大于头宽，吻端钝尖，上颌略突出于下颌；吻棱圆而不明显；犁骨齿呈两小团，突出；鼓膜可见，颞侧褶明显；雄蛙具单咽下外声囊，繁殖期咽喉部灰黑色明显；无背侧褶；指间无蹼，趾间半蹼；体背皮肤粗糙，具少量纵肤褶，体色以橄榄绿色为主，具有不规则深褐色斑纹，有些个体背中央有浅乳黄色纵纹；体腹部光滑、乳白色，无斑；四肢背面有数条深色横斑，其腹面亦是乳白色。主要生活在海拔 2 000 m 以下平原、丘陵和山地地带的水田、旱地、沼泽、菜地、水塘和水沟等多种生境。繁殖期长，3—9 月都有产卵的情况，卵多产于浅水的稻田或临时性水坑，卵粒成片漂浮于水面。华中、华南、西南都有分布。

保护状况：中国脊椎动物红色名录：无危（LC）

世界自然保护联盟（IUCN）濒危物种红色名录：数据缺乏（DD）

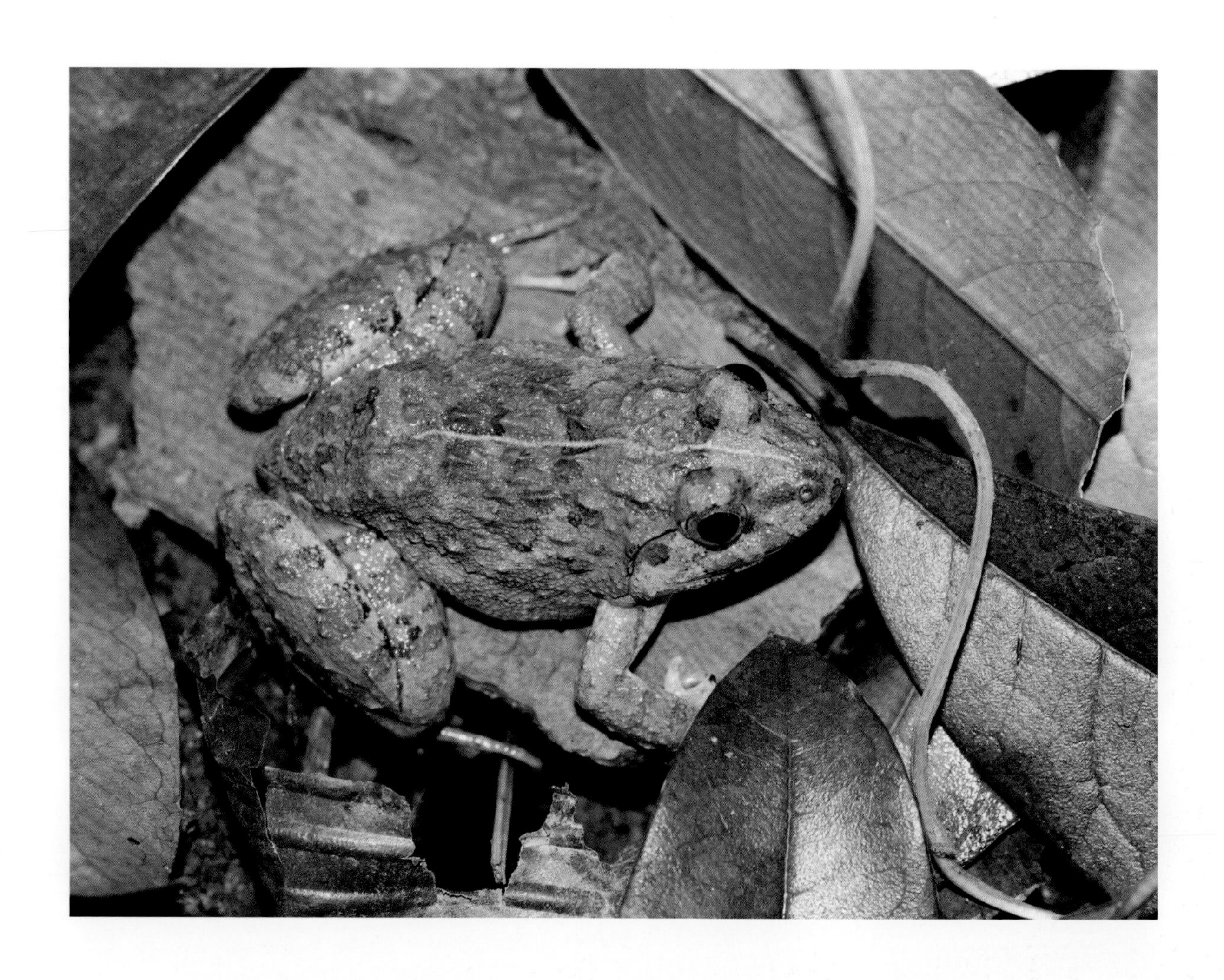

（八）叉舌蛙科 Dicroglossidae

19. 虎纹蛙属 *Hoplobatrachus* Peters，1863

（29）虎纹蛙 *Hoplobatrachus chinensis*（Osbeck，1765）

物种简介：雄蛙体长 66—98 mm，雌蛙体长 87—121 mm，体型硕大，成体体重可达 250 g 左右。头长大于头宽；吻端钝尖；鼓膜大而明显；犁骨齿极强；雄蛙具 1 对咽侧外声囊；无背侧褶；指间无蹼，趾间全蹼；指、趾末端钝尖，无沟；体背粗糙，肤棱明显，成不规则排列，其间有小疣粒；体背面及四肢腹面肉色，无斑，成体腹部略带浅蓝色，咽喉部通常有浅灰黑色斑。生活于海拔 1 500 m 以下山地、丘陵、平原等地带的稻田、沼泽、鱼塘、水坑和沟渠内的各种生境。繁殖期在 3—8 月，卵产于水面，成片漂浮于水面上。

保护状况：国家二级保护动物

中国脊椎动物红色名录：濒危（EN）

（八）叉舌蛙科 Dicroglossidae

20. 棘胸蛙属 *Quasipaa* Dubois，1992

（30）棘腹蛙 *Quasipaa boulengeri*（Günther，1889）

物种简介：雄蛙体长 78—100 mm，雌蛙体长 89—120 mm，体型硕大。头长小于头宽；吻端钝圆，上颌略突出于下颌；鼓膜不明显，颞侧褶肥厚；瞳孔棱形；犁骨齿呈 \ / 形；雄蛙具单咽下内声囊；无背侧褶；指、趾端膨大成圆球状，无沟；指间无蹼，趾间全蹼；体背皮肤粗糙，其上有长条形、钝圆形疣粒；眼后有一横肤沟；四肢背面具纵纹肤棱，疣粒少；体背颜色以褐色、棕色为主，两眼间有深色横纹，四肢背面具深褐色横纹；体腹面及四肢腹面肉色，喉部和下颌边缘有浅棕色斑。生活于海拔 300—2 000 m 的山区溪流。繁殖季节在 5—8 月，卵多产于溪流瀑布下，卵群成串，似葡萄状，黏附于石头或枯枝落叶。华中、华南和西南地区都有分布。

保护状况：中国脊椎动物红色名录：易危（VU）

世界自然保护联盟（IUCN）濒危物种红色名录：濒危（EN）

（八）叉舌蛙科 Dicroglossidae

20. 棘胸蛙属 *Quasipaa* Dubois，1992

（31）棘胸蛙 *Quasipaa spinosa*（David，1875）

物种简介： 雄蛙体长 106—142 mm，雌蛙体长 115—153 mm，体型硕大。头长小于头宽；吻端钝圆，上颌略突出于下颌；鼓膜略可见，颞侧褶厚实；犁骨齿强，呈两斜列；雄蛙具单咽下内声囊；无背侧褶；指、趾端膨大成球状，无沟；指间无蹼，趾间全蹼；指、趾关节下瘤明显，近圆形；繁殖期雄蛙内侧 3 指有黑色婚刺，胸部密布疣粒，疣粒有一枚黑刺；体背皮肤粗糙具疣，疣上有黑刺；眼后方有横肤沟；体背颜色以褐色、棕色为主，四肢有深色横纹；体腹面乳黄色，无斑，喉部及四肢腹面有浅褐色云斑。生活于海拔 500—1 800 m 繁茂森林的山溪内。繁殖季节在 5—9 月，卵产于水中石块之下，葡萄状。华中和华南地区有分布。

保护状况： 中国脊椎动物红色名录：易危（VU）

世界自然保护联盟（IUCN）濒危物种红色名录：易危（VU）

（八）叉舌蛙科 Dicroglossidae

20. 棘胸蛙属 *Quasipaa* Dubois，1992

（32）棘侧蛙 *Quasipaa shini*（Ahl，1930）

模式产地：金秀大瑶山

物种简介：雄蛙体长 89—115 mm，雌蛙体长 87—109 mm，体型硕大。头长略小于头宽；吻端钝圆，上颌略突出于下颌；鼓膜可见，颞侧褶肥厚；犁骨齿强，呈 \ / 形；雄蛙具 1 对咽下内声囊；无背侧褶；繁殖期雄蛙内侧 3 指有婚刺；指、趾端膨大成球形；指间无蹼，趾间全蹼；指、趾关节下瘤大而圆；体背和体侧皮肤十分粗糙，有长短不一的疣粒组成的纵行，其间有圆疣，疣上具黑刺；眼后方有横肤沟；生活时体色以黑褐色为主，眼间有深黑色横纹，四肢横纹可见；体腹面灰白色，喉和后肢腹面淡棕色。生活于海拔 800—1 500 m 的林区山溪内，栖息环境多茂密，水质清澈。繁殖季节在 4—6 月。分布于华南地区。

保护状况：中国脊椎动物红色名录：易危（VU）

世界自然保护联盟（IUCN）濒危物种红色名录：濒危（EN）

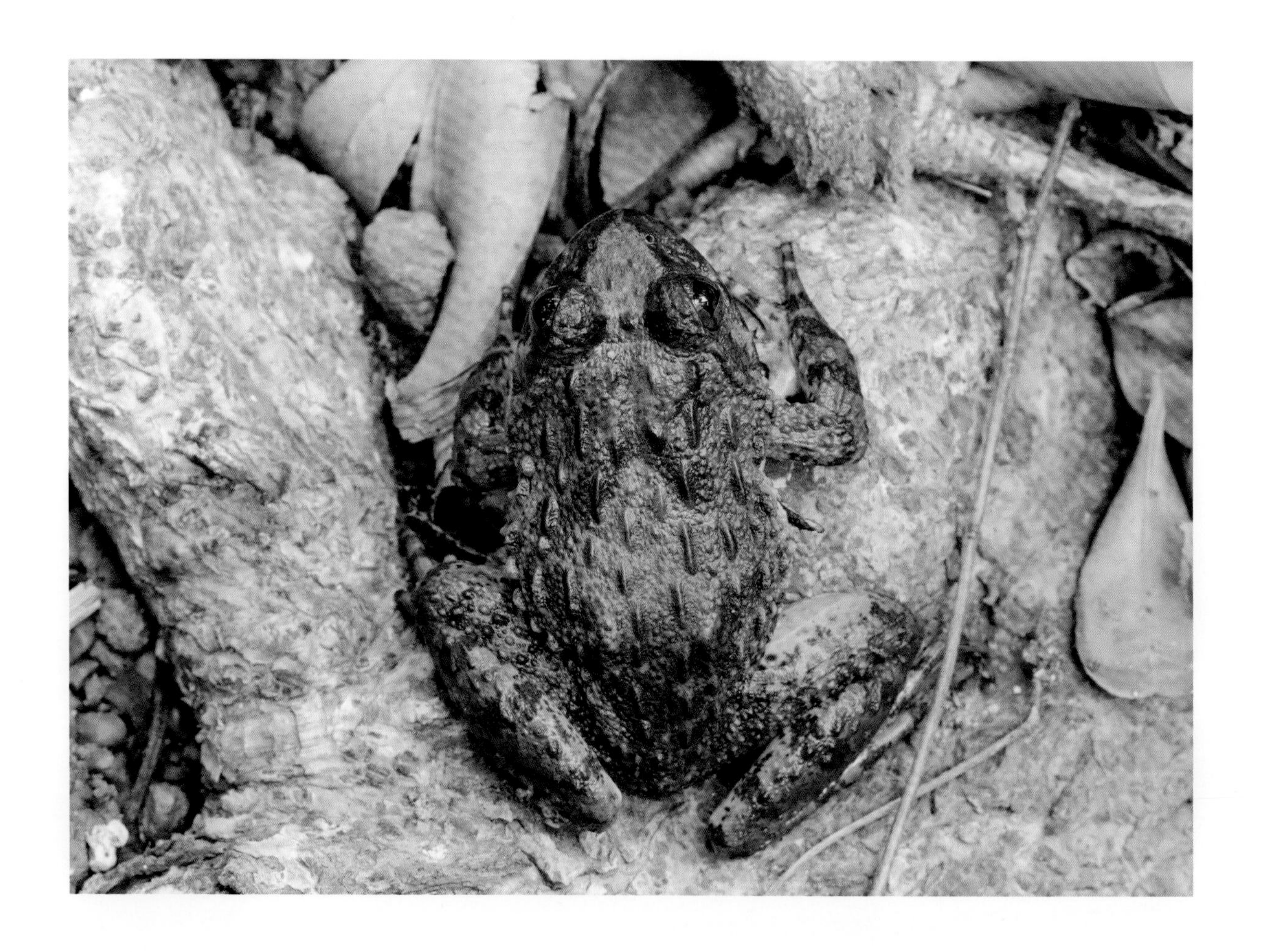

（九）树蛙科 Rhacophoridae

21. 棱皮树蛙属 *Theloderma* Tschudi，1838

（33）白斑棱皮树蛙 *Theloderma albopunctatum*（Liu and Hu，1962）

模式产地：金秀大瑶山

物种简介：雄蛙体长 25—30 mm，雌蛙体长 29—35 mm。头扁平，头长略大于头宽；吻钝圆，端部高而平直向下颌，上颌与下颌齐平；鼓膜清晰可见；有颞侧褶；瞳孔黑色，虹膜棕红色；无背侧褶；无犁骨齿；雄蛙具 1 对咽侧下内声囊；繁殖期雄蛙第 1 指具乳白色婚垫；指、趾端膨大形成吸盘，且具边缘沟，指吸盘略大于趾吸盘；指间仅具微蹼，趾间具全蹼；指、趾关节下瘤小而清晰；体背粗糙，布满大小不等的疣粒；体腹面及股腹面密布扁平疣；生活时背面由污白和浅褐色的斑纹组成，其中头背有大的污白斑，逐渐过渡到肩背部，肛部上方亦有污白斑，白斑的边缘为浅棕色；四肢褐棕色，有深色横纹；腹部深橄榄色。生活在海拔 300—1 500 m 之间的山区茂密阔叶林内。繁殖季节长，4 月开始见到蝌蚪，9 月也能见到蝌蚪。国内分布于广西、云南、海南。

保护状况：中国脊椎动物红色名录：濒危（EN）

世界自然保护联盟（IUCN）濒危物种红色名录：数据缺乏（DD）

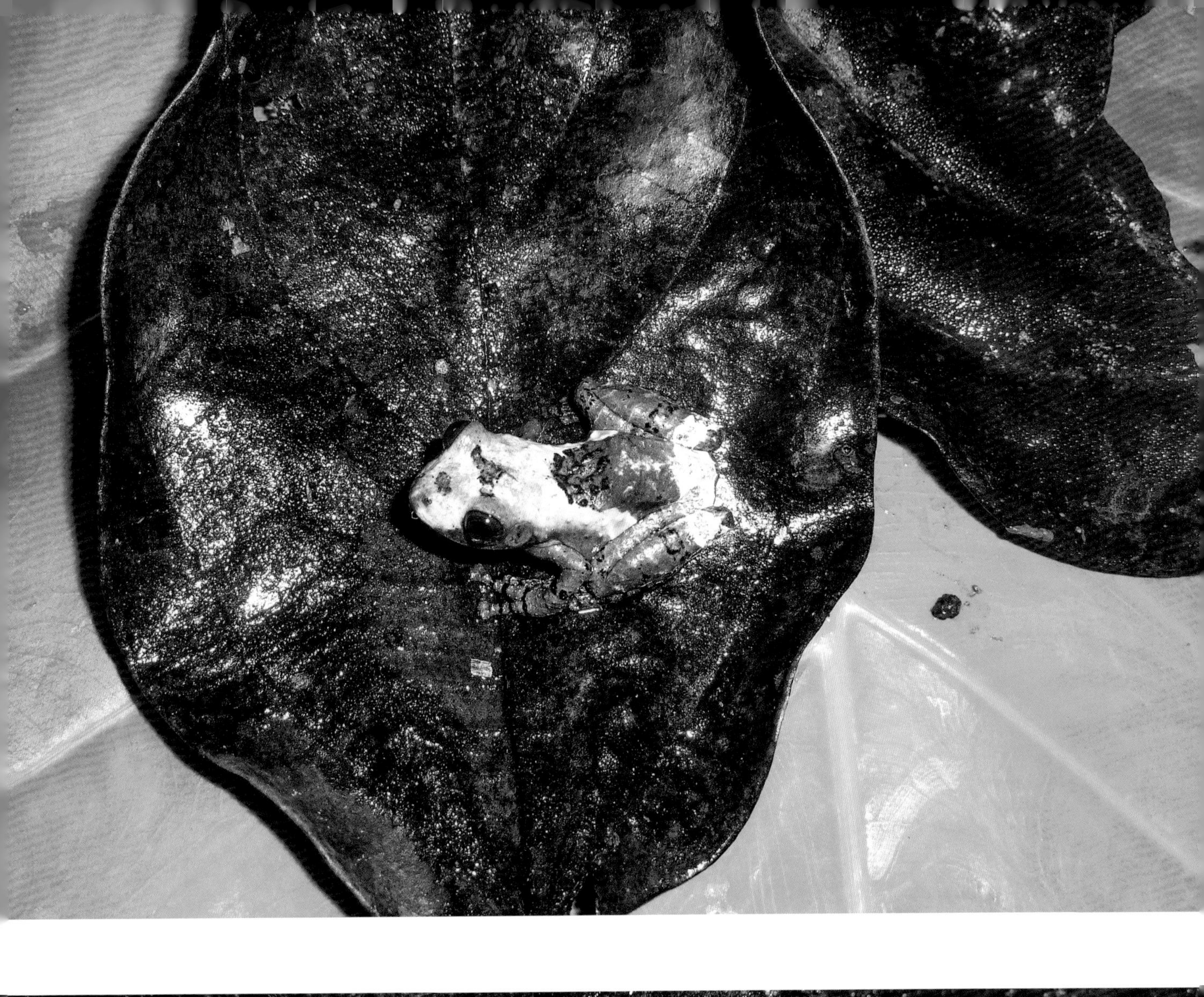

（九）树蛙科 Rhacophoridae

21. 棱皮树蛙属 *Theloderma* Tschudi，1838

（34）红吸盘棱皮树蛙 *Theloderma rhododiscus*（Liu and Hu，1962）

模式产地：金秀大瑶山

物种简介：雄蛙体长 25—27 mm，雌蛙体长 24—31 mm。头扁平，头长略大于头宽；吻端钝圆且高，上颌略突出于下颌；鼓膜大而明显；无犁骨齿；无声囊；繁殖期雄蛙第 1 指具灰白色婚垫；指、趾端膨大形成吸盘且具边缘沟，趾吸盘略小于指吸盘；指间无蹼，趾间约半蹼；指、趾关节下瘤小圆而清晰；体背皮肤粗糙，背面布满大小不等的疣和肤棱，腹面布满扁平疣；生活时体背以茶褐色为主，其上散布有 3—5 个黑色斑；体腹、体侧和掌腹面等有污白斑；指、趾吸盘橘红色。生活于海拔 1 000—1 800 m 林区混交林内。繁殖季节在 5—8 月，常在林区内的树洞、石洞等产卵，卵为胶块透明状。国内分布于广西和云南。

保护状况：中国脊椎动物红色名录：易危（VU）

世界自然保护联盟（IUCN）濒危物种红色名录：近危（NT）

（九）树蛙科 Rhacophoridae

21. 棱皮树蛙属 *Theloderma* Tschudi，1838

（35）北部湾棱皮树蛙 *Theloderma corticale*（Boulenger，1903）

物种简介：雄蛙体长 59—70 mm，雌蛙体长 70—78 mm。头扁平，头长小于头宽；上颌突出于下颌；鼻孔几乎位于吻端；鼓膜大且明显；犁骨齿两短列；无声囊；繁殖期雄蛙第 1 指有乳白色婚垫；指、趾端膨大形成吸盘，且具边缘沟，指吸盘大于趾吸盘；整个身体背面布满明显隆起的大小疣粒，疣粒由成簇的小痣粒组成；前臂外侧、跗部外侧、指和趾外侧有明显的锯齿状突；胸、腹部、股腹面有扁平疣；生活时体背颜色呈苔藓绿，有些个体有紫红色、橘红色斑点；体腹面有淡黄绿色和浅褐色相间的纹理，疣粒明显突出。生活于海拔 400—1 600 m 山区阔叶林内。繁殖季节在 4—7 月，产葡萄状卵于林区树洞、石坑等环境，蝌蚪肥大而黑。该物种在华南地区有分布。

保护状况：世界自然保护联盟（IUCN）濒危物种红色名录：无危（LC）

（九）树蛙科 Rhacophoridae

22. 原指树蛙属 *Kurixalus* Ye，Fei and Dubois，1999

（36）锯腿原指树蛙 *Kurixalus odontotarsus*（Ye and Fei，1993）

物种简介：雄蛙体长 28—36 mm，雌蛙体长 40—48 mm。头扁，头长几乎等于头宽；吻端尖，上颌突出于下颌；鼓膜大而明显；颞侧褶清晰可见；犁骨齿短列，相距宽；雄蛙有单咽下内声囊；繁殖期雄蛙第 1 指有乳白色婚垫；指、趾端膨大成吸盘，具边缘沟；指间具微蹼，趾间具半蹼；指、趾关节下瘤明显；体背皮肤粗糙，其上密布小疣粒；前臂、跗、跖及第 5 趾外侧具锯齿状肤突，胫跗关节亦具肤突；肛孔周围有大疣粒，呈锥状；腹面密布扁平疣；生活时体背浅绿色、茶褐色；眼间有深色横纹；背部有不规则深色斑；体侧浅灰绿色，有深褐色斑点；四肢有深色横纹，股窝前后呈淡橘红色；体腹面淡灰色，有深灰色斑点。生活于海拔 250—1 800 m 山区林地灌木丛。繁殖季节在 4—7 月，天黑后在枝叶上鸣叫。华南和西南地区都有分布。

保护状况：中国脊椎动物红色名录：无危（LC）

世界自然保护联盟（IUCN）濒危物种红色名录：无危（LC）

（九）树蛙科 Rhacophoridae

23. 纤树蛙属 *Gracixalus* Delorme，Dubois，Grosjean and Ohler，2005

（37）金秀纤树蛙 *Gracixalus jinxiuensis*（Hu，1978）

模式产地：金秀大瑶山

物种简介：雄蛙体长 22—26 mm，雌蛙体长 28—33 mm。头长几乎等于头宽；吻端钝圆，上颌略突出于下颌；吻棱明显；鼓膜大且清晰；颞侧褶明显；犁骨齿缺失；雄蛙具单咽下内声囊；繁殖季节雄蛙第 1 指基部有婚垫；指、趾端膨大形成吸盘，具边缘沟，指吸盘略大于趾吸盘；指、趾间蹼不发达，指间微蹼，趾间约 1/3 蹼；体背皮肤粗糙，散布有疣粒；体腹面具扁平疣；生活时体背土棕色，眼间至体背有 X 形深色大斑；四肢有褐色横纹；腹面浅灰褐色，具污白云斑。生活于海拔 1 000—1 500 m 茂密林区，多在灌丛或林下竹灌丛中活动。繁殖期在 2—5 月，卵产于竹洞、树洞中。在广西和云南有分布。

保护状况：中国脊椎动物红色名录：易危（VU）

世界自然保护联盟（IUCN）濒危物种红色名录：易危（VU）

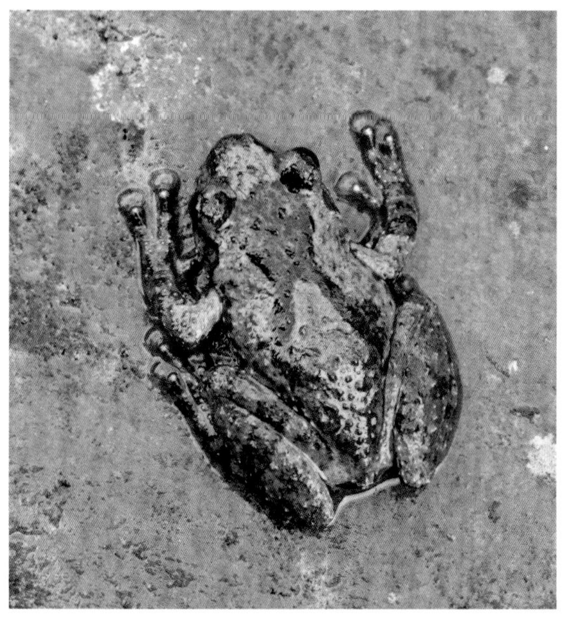

（九）树蛙科 Rhacophoridae

24. 泛树蛙属 *Polypedates* Tschudi，1838

（38）斑腿泛树蛙 *Polypedates megacephalus* Hallowell，1861

物种简介：雄蛙体长 41—48 mm，雌蛙体长 57—65 mm。头扁，头长与头宽大体相等；吻端钝圆，上颌略突出于下颌；吻棱明显；鼓膜大且清晰；颞侧褶平直；犁骨齿强；雄蛙具单咽下内声囊；繁殖期雄蛙第 1—2 指基部有乳白色婚垫；指、趾端膨大形成吸盘，且具边缘沟，指吸盘略大于趾吸盘；指、趾关节下瘤明显；指间无蹼，趾间蹼弱；体背皮肤光滑；体腹面具扁平疣，其中咽喉部扁平疣略小，腹部扁平疣大且密；生活时体背颜色与生活环境有关，通常为土棕色、茶褐色或黄棕色，背部有 X 形斑或纵条纹；腹面颜色为乳黄色或乳白色；股后有细网状斑。生活于海拔 2 200 m 以下山地、丘陵和平原地带，栖息环境以灌草丛为主，如稻田、林缘灌丛、沼泽边草丛等。繁殖季节在 4—9 月，卵泡多产于静水边上的灌草丛中。华南、西南地区有分布。

保护状况：中国脊椎动物红色名录：无危（LC）

世界自然保护联盟（IUCN）濒危物种红色名录：无危（LC）

（九）树蛙科 Rhacophoridae

24. 泛树蛙属 *Polypedates* Tschudi，1838

（39）无声囊泛树蛙 *Polypedates mutus*（Smith，1940）

物种简介：雄蛙体长 52—63 mm，雌蛙体长 53—77 mm。头扁平，头长大于头宽；吻端略尖，上颌略突出于下颌；鼓膜大且清晰；犁骨齿中等；无声囊；繁殖期雄蛙第 1—2 指基部有乳白色婚垫；指、趾端膨大形成吸盘，具马蹄形沟；指吸盘略大于趾吸盘；指间无蹼，趾间具微蹼；指、趾关节下瘤清晰；体背皮肤光滑，散布着痣粒；体腹面密布扁平疣；生活时背面体色变异较大，通常为棕色、土褐色、黄棕色，背部有 6 条明显深色纵纹或 X 形斑；股后方有较大网状斑；腹面乳白色，在喉、后肢腹面有灰色斑点。生活于海拔 1 500 m 以下平原、丘陵、山地地带的灌草丛、农耕地、菜园、稻田等生境。繁殖季节在 4—7 月，卵泡产于静水坑周边杂草或灌丛枝叶上。华南、西南地区有分布。

保护状况：中国脊椎动物红色名录：无危（LC）

世界自然保护联盟（IUCN）濒危物种红色名录：无危（LC）

（九）树蛙科 Rhacophoridae

25. 张树蛙属 *Zhangixalus* Li，Jiang，Ren and Jiang，2019

（40）大树蛙 *Zhangixalus dennysi*（Blanford，1881）

物种简介：雄蛙体长 68—92 mm，雌蛙体长 83—109 mm，体型大。头扁平，头长与头宽相当；吻端斜尖，上颌略突出于下颌；吻棱明显；鼓膜大且清晰；颞侧褶短且平直；犁骨齿强，左右相距甚宽；雄蛙具单咽下内声囊；繁殖期雄蛙第 1—2 指基部有浅灰色婚垫；指、趾端膨大形成吸盘，具边缘沟；指间蹼发达，约半蹼，趾间具全蹼；指、趾关节下瘤发达而明显；体背皮肤略粗糙，有小疣粒；体腹面、股腹面密布扁平疣；生活时体背颜色以草绿色为主，背面中央常散布有锈色斑点；体侧有 1 排白色斑点；前臂外缘、后肢胫腓和足外缘及肛门上缘有乳白色边；腹面乳白色，喉部浅绿色，股部腹面肉色。生活于海拔 1 000 m 以下山区树林里或附近灌草丛、农耕地。繁殖季节在 4—5 月，卵产在水坑上方树叶，为乳黄色卵泡。主要分布于华南地区。

保护状况：中国脊椎动物红色名录：无危（LC）

世界自然保护联盟（IUCN）濒危物种红色名录：无危（LC）

（九）树蛙科 Rhacophoridae

25. 张树蛙属 *Zhangixalus* Li，Jiang，Ren and Jiang，2019

（41）峨眉树蛙 *Zhangixalus omeimontis*（Stejneger，1924）

物种简介：雄蛙体长 52—66 mm，雌蛙体长 70—80 mm。头扁平，头长略小于头宽；吻棱明显；鼓膜大而圆；颞侧褶明显，由眼后角延伸至肩部；犁骨齿强，间距宽；雄蛙具单咽下内声囊；繁殖期雄蛙第 1—2 指基部背面有乳白色婚垫；指、趾膨大形成吸盘，腹面具马蹄形边缘沟，指吸盘略小于趾吸盘；指间有蹼，外两指近半蹼，趾间具全蹼；指、趾关节下瘤明显；体背皮肤粗糙，布满大小疣粒；体腹面及股部下方密布扁平疣；生活时体背布满草绿色和棕褐色组成的不规则斑纹；体侧和股后方有灰黑色云斑。栖息于海拔 1 000 m 左右竹林、灌丛或杂草等生境中。繁殖季节在 4—6 月，产卵泡于水坑、水潭边上的枝叶处。西南、华南等少数地区有分布。

保护状况：中国脊椎动物红色名录：无危（LC）

世界自然保护联盟（IUCN）濒危物种红色名录：无危（LC）

（九）树蛙科 Rhacophoridae

25. 张树蛙属 *Zhangixalus* Li，Jiang，Ren and Jiang，2019

（42）侏树蛙 *Zhangixalus minimus*（Rao，Wilkinson and Liu，2006）

模式产地：金秀大瑶山

物种简介：雄蛙体长 28—33 mm，雌蛙体长 32—38 mm。头长与头宽相近；吻端钝圆，上颌略突出于下颌；吻棱清晰明显；鼓膜圆且明显；颞侧褶略弯；犁骨齿 2 列；雄蛙具单咽下外声囊；繁殖期雄蛙第 1—2 指基部有乳白色婚垫；指、趾端膨大形成吸盘，且具边缘沟，指吸盘大于趾吸盘；指间具微蹼，趾间具约 1/3 蹼；指、趾关节下瘤明显；体背皮肤光滑，上眼睑、四肢外沿有小疣粒；腹部和股部腹面具扁平疣，股周围疣粒多且较大；生活时体色有变异，通常体背及四肢背面为草绿色，有部分个体为淡黄绿色，背部散布有浅褐色小斑点；背腹面交接处有一道污白纹路；腹面、体侧和指、趾部有浅褐色与污白色组成的不规则斑纹。生活在海拔 800—1 700 m 的阔叶林内。繁殖季节在 4—6 月，产泡状卵于静水坑周边。广西特有种。

保护状况：中国脊椎动物红色名录：近危（NT）

世界自然保护联盟（IUCN）濒危物种红色名录：濒危（EN）

（九）树蛙科 Rhacophoridae

25. 张树蛙属 *Zhangixalus* Li，Jiang，Ren and Jiang，2019

（43）瑶山树蛙 *Zhangixalus yaoshanensis*（Liu and Hu，1962）

模式产地：金秀大瑶山

物种简介：雄蛙体长 32—36 mm，雌蛙体长 50—51 mm，体形略扁。头长小于头宽，上颌略突出于下颌；吻棱可见；鼓膜可见；颞侧褶清晰；犁骨齿两斜列；雄蛙具单咽下外声囊；繁殖期雄蛙第 1 指基部有婚垫；指、趾端膨大形成吸盘，且具边缘沟，指吸盘略大于趾吸盘；指、趾关节下瘤明显；指间具微蹼，趾间具约 1/3 蹼；体背皮肤较光滑，腹部和大腿腹面有扁平疣；喉部皮肤略松弛；生活时体背翠绿色，腹面乳白色；腹侧腹背交接处有浅灰色斑纹；后肢腹面从大腿根部至第 5 趾基部橘红色；前肢外沿和胫腓外沿有不连续白边。生活在海拔 1 000—1 800 m 林区灌丛水坑周边。繁殖季节在 3—4 月。广西特有种。

保护状况：中国脊椎动物红色名录：近危（NT）

世界自然保护联盟（IUCN）濒危物种红色名录：濒危（EN）

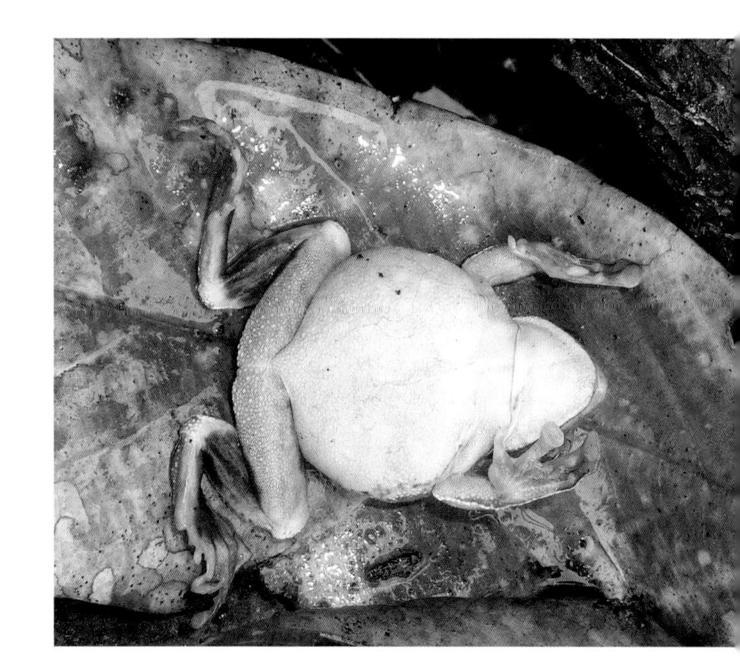

（九）树蛙科 Rhacophoridae

26. 刘树蛙属 *Liuixalus* Li，Che，Bain，Zhao and Zhang，2008

（44）费氏刘树蛙 *Liuixalus feii* Yang，Rao and Wang，2015

模式产地：金秀大瑶山

物种简介：雄蛙体长约 18 mm，雌蛙体长 15—19 mm。头长大于头宽；吻端尖，略突出于下颌；吻棱可见；鼓膜可见；无犁骨齿；指端具微蹼，无缘膜，关节下瘤不清晰；内掌突椭圆不明显，外掌突大而平；趾间具微蹼，趾端形成小的吸盘，且具腹侧沟，无缘膜；内趾突较外趾突平而小；生活时体背棕土色至深褐色，肩部有一个“）（”形斑；背部光滑，有少量的疣粒；腹部布满紫云斑疣粒；颞区及眼下部深褐色。生活在海拔 1 100 m 左右灌丛和林缘。繁殖季节在 4—6 月。

保护状况：未评价。

（十）姬蛙科 Microhylidae

27. 姬蛙属 *Microhyla* Tschudi，1838

（45）粗皮姬蛙 *Microhyla butleri* Boulenger，1900

物种简介：雄蛙体长 20—25 mm，雌蛙体长 21—25 mm，体型较小。头长小于头宽；吻端尖，上颌略突出于下颌；吻棱不明显，鼓膜不清晰；无颞侧褶；犁骨齿缺失；雄蛙具单咽下外声囊；繁殖期雄蛙无明显婚垫；指、趾端形成略微膨大的小吸盘，其背有小纵沟；指间无蹼，趾间具微蹼；指、趾关节下瘤发达；体背皮肤粗糙，布满疣粒，四肢背面亦具疣粒；喉部皮肤松弛，腹部皮肤光滑；生活时体色变异较大，通常为土棕色或灰棕色，部分个体有橘红色疣粒小点；背部镶淡黄色边的深色大斑，呈 /\ 形；四肢具深色横纹；喉部具浅黑色小点；腹部和四肢腹面污白色。生活在海拔 1 500 m 以下多种生境中，常见于农田、旱地、水坑和草丛等环境。繁殖季节在 5—6 月，卵产于水面上。华中、华南、西南广泛分布。

保护状况：中国脊椎动物红色名录：无危（LC）

世界自然保护联盟（IUCN）濒危物种红色名录：无危（LC）

（十）姬蛙科 Microhylidae

27. 姬蛙属 *Microhyla* Tschudi，1838

（46）饰纹姬蛙 *Microhyla fissipes* Boulenger，1884

物种简介： 雄蛙体长 21—25 mm，雌蛙体长 22—24 mm，体型小，呈三角形。头长与头宽近乎相等；吻端尖，上颌略突出于下颌；吻棱不显；鼓膜不显；雄蛙具单咽下外声囊；繁殖期婚垫不显；指、趾末端圆，但没有形成吸盘，也无纵沟；指间无蹼，趾间具蹼迹；体背皮肤粗糙，其上有小疣粒；肛部周围疣粒较多；腹面皮肤光滑；生活时体色变异大，通常为黄棕色、土褐色、灰棕色，背部通常有两个深色的∧形大斑；体侧颜色与体背接近，四肢有深色横纹；腹部乳黄色，喉部特别是靠近下颌边缘处有浅灰褐色麻斑。生活于海拔 1 400 m 以下草丛、农田、农耕地、菜地、果园、水沟等生境中。繁殖季节在 3—8 月，卵产于水面之上。华中、华南、西南广泛分布。

保护状况： 中国脊椎动物红色名录：无危（LC）

世界自然保护联盟（IUCN）濒危物种红色名录：无危（LC）

（十）姬蛙科 Microhylidae

27. 姬蛙属 *Microhyla* Tschudi，1838

（47）小弧斑姬蛙 *Microhyla heymonsi* Vogt，1911

物种简介：雄蛙体长 18—21 mm，雌蛙体长 22—24 mm，体型较小，呈三角形。头长和头宽几乎相等；吻端钝尖，上颌略突出于下颌；吻棱略显；鼓膜不显；犁骨齿缺失；雄蛙具单咽下外声囊，繁殖期婚垫不显；指末端有小吸盘，背面有纵沟；趾吸盘大于指吸盘，背面有明显纵沟；指间无蹼，趾间具蹼迹；指、趾关节下瘤明显；体背皮肤光滑，散布有细痣粒，四肢背面具小疣粒；腹面皮肤光滑；生活时体色变异大，通常为粉灰色、浅褐色，背部正中央有 1 条乳黄色脊线，脊线周围有类似波纹的暗影线，与脊线组成 /\ 形斑纹；体侧布满浅褐色麻花点；腹部肉色，喉部和股部腹面散布有浅褐色细小斑点；后肢有深色横纹。生活于海拔 1 500 m 以下农田、旱地、水坑、土窝、水沟边等多种生境。繁殖季节在 5—8 月，卵产于静水坑水面上。华中、华南、西南广泛分布。

保护状况：中国脊椎动物红色名录：无危（LC）

世界自然保护联盟（IUCN）濒危物种红色名录：无危（LC）

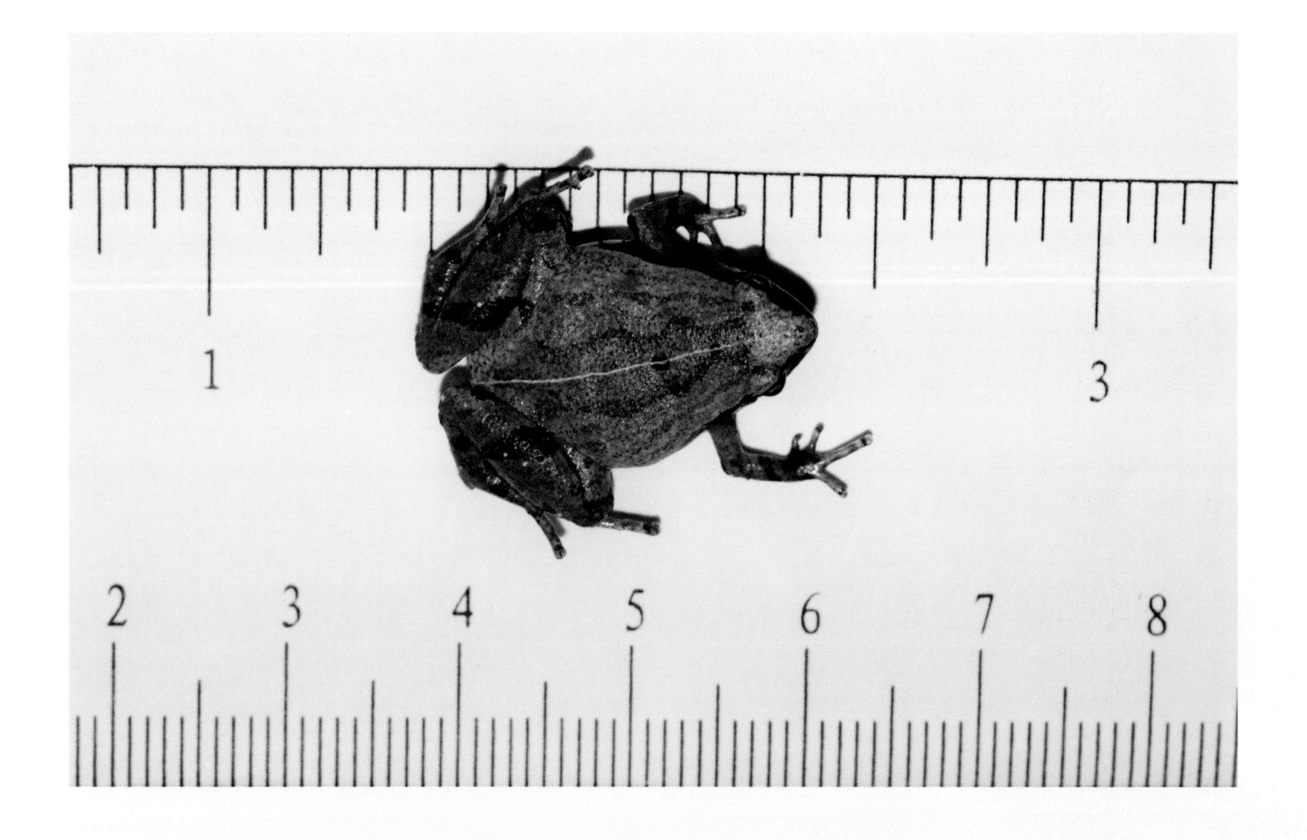

（十）姬蛙科 Microhylidae

27. 姬蛙属 *Microhyla* Tschudi，1838

（48）花姬蛙 *Microhyla pulchra*（Hallowell，1860）

物种简介：雄蛙体长 23—32 mm，雌蛙体长 28—37 mm，体型呈三角形。头长小于头宽；吻端钝尖，上颌略突出于下颌；吻棱不明显；鼓膜不显；犁骨齿缺失；雄蛙具单咽下外声囊，繁殖期婚垫不显；指、趾端钝圆但不形成吸盘，背面亦无纵沟；指间无蹼，趾间具半蹼；体背皮肤较光滑，散布有少量的小疣粒；腹面皮肤光滑；生活时体色特征明显，背部有棕黑色和棕色套嵌的∧形斑纹；背部中央纹路不规则；四肢有粗细相间的棕褐色横纹；股部腹面和胯部为柠檬黄，腹面下部淡黄色，胸、喉部有细密浅褐色纹；繁殖期雄蛙喉部深褐色。生活于海拔 1 400 m 以下稻田、农耕地、菜园、果园、草丛、水沟边等多种生境。繁殖期在 3—8 月，卵产于静水坑的水面之上。华中、华南、西南广泛分布。

保护状况：中国脊椎动物红色名录：无危（LC）

世界自然保护联盟（IUCN）濒危物种红色名录：无危（LC）

爬行纲
Reptilia

一、龟鳖目

TESTUDINES

（一）平胸龟科 Platysternidae

1. 平胸龟属 *Platysternon* Gray，1831

（1）平胸龟 *Platysternon megacephalum* Gray，1831

物种简介：成体背甲长 150—200 mm。头大呈三角形，上喙呈鹰嘴沟状，头无法缩入壳内，头背面和侧面被整块角质盾覆盖；背甲扁，背脊稍突起，前端不显，后端微突；尾与背甲长度相当，基部粗，往后逐渐变细；四肢强壮，具锋利的爪，指、趾具微蹼；生活时体背为土褐色、棕褐色，腹面为淡黄色，杂有黑色斑。栖息于中低海拔的山区溪沟内，以水栖为主，夜间活动，捕食小鱼、小虾、青蛙、蚯蚓、螺等。分布于华东、华南和西南地区。

保护状况：国家二级保护动物
中国脊椎动物红色名录：极危（CR）
世界自然保护联盟（IUCN）濒危物种红色名录：濒危（EN）
濒危野生动植物种国际贸易公约（CITES）：附录 I

（二）地龟科 Geoemydidae

2. 地龟属 *Geoemyda* Gray，1834

（2）地龟 *Geoemyda spengleri*（Gmelin，1789）

物种简介：成体背甲长约 120 mm，宽约 78 mm，体型较小。头部棕褐色，头略小，头背部平滑，上喙钩曲，眼大而外突，自吻突侧沿眼至颈侧有浅黄色纵纹；背甲金黄色或橘黄色，有 3 条脊棱，中央脊棱突出较明显，中央脊棱两侧的背棱细而略突出；背甲前后缘均呈锯齿状，共 12 枚边缘齿，故称“十二棱龟”；腹甲棕黑色，其外沿有浅黄色斑纹，甲桥明显，背腹甲间借骨缝相连；后肢浅棕色，散布有红色或黑色斑纹，指、趾间具微蹼，尾细短。栖息于山区、林区的小溪、山涧和水塘等环境，营半水栖生活，常在大雨后出来觅食，属杂食性。国内分布于华南地区。

保护状况：国家二级保护动物

中国脊椎动物红色名录：濒危（EN）

世界自然保护联盟（IUCN）濒危物种红色名录：濒危（EN）

濒危野生动植物种国际贸易公约（CITES）：附录Ⅱ

（三）壁虎科 Gekkonidae

3. 半叶趾虎属 *Hemiphyllodactylus* Bleeker，1860

（3）云南半叶趾虎 *Hemiphyllodactylus yunnanensis*（Boulenger，1903）

物种简介：头体长 39—53 mm，头体长与尾长接近。体背以灰褐色为主，有灰色、褐色等不规则斑纹，尾基背面大多有 U 形斑，尾背面有深色横斑；体腹肉色；体背和喉部粒鳞均一，腹面和尾上为覆瓦状鳞；指、趾为双行攀瓣；尾粗略扁，肛疣 1—2 个，雄性肛前孔 12—31 个。栖息于墙缝、石缝等环境中，夜间外出觅食，喜在灯光下觅食。分布于云南、贵州和广西。

保护状况：中国脊椎动物红色名录：近危（NT）

世界自然保护联盟（IUCN）濒危物种红色名录：无危（LC）

（三）壁虎科 Gekkonidae

4. 壁虎属 *Gekko* Laurenti，1768

（4）多疣壁虎 *Gekko japonicus*（Schlegel，1836）

物种简介：头体长 50—70 mm，头体长与尾长相当。背面灰褐色，有多道深褐色横纹；尾部具深褐色横纹，腹面灰白色；体背覆有细粒鳞，其上散布有疣粒；尾基肛疣两侧各 3 枚，雄性肛前孔 4—8 个；指、趾间具蹼迹。常见于民房屋檐下，夜间出没捕食蚊虫、飞蚁、飞蛾等小型动物。分布于华东、华南。

保护状况：中国脊椎动物红色名录：无危（LC）

世界自然保护联盟（IUCN）濒危物种红色名录：无危（LC）

（三）壁虎科 Gekkonidae

4. 壁虎属 *Gekko* Laurenti，1768

（5）蹼趾壁虎 *Gekko subpalmatus*（Günther，1864）

物种简介：头体长 51—78 mm，尾长与头体长相当。背面灰褐色与褐色相杂，特别是尾部具深褐和浅褐相间的环纹（6—7 条），腹面灰白色；体背为均一粒鳞，尾基肛疣两侧各 1 枚，雄性肛前孔 5—11 个；指、趾间具蹼。栖息于民房屋檐、石堆石缝，夜间出没捕食蚊虫、飞蚁、飞蛾等小型动物。分布于华东、华南和西南地区。

保护状况：中国脊椎动物红色名录：无危（LC）

世界自然保护联盟（IUCN）濒危物种红色名录：无危（LC）

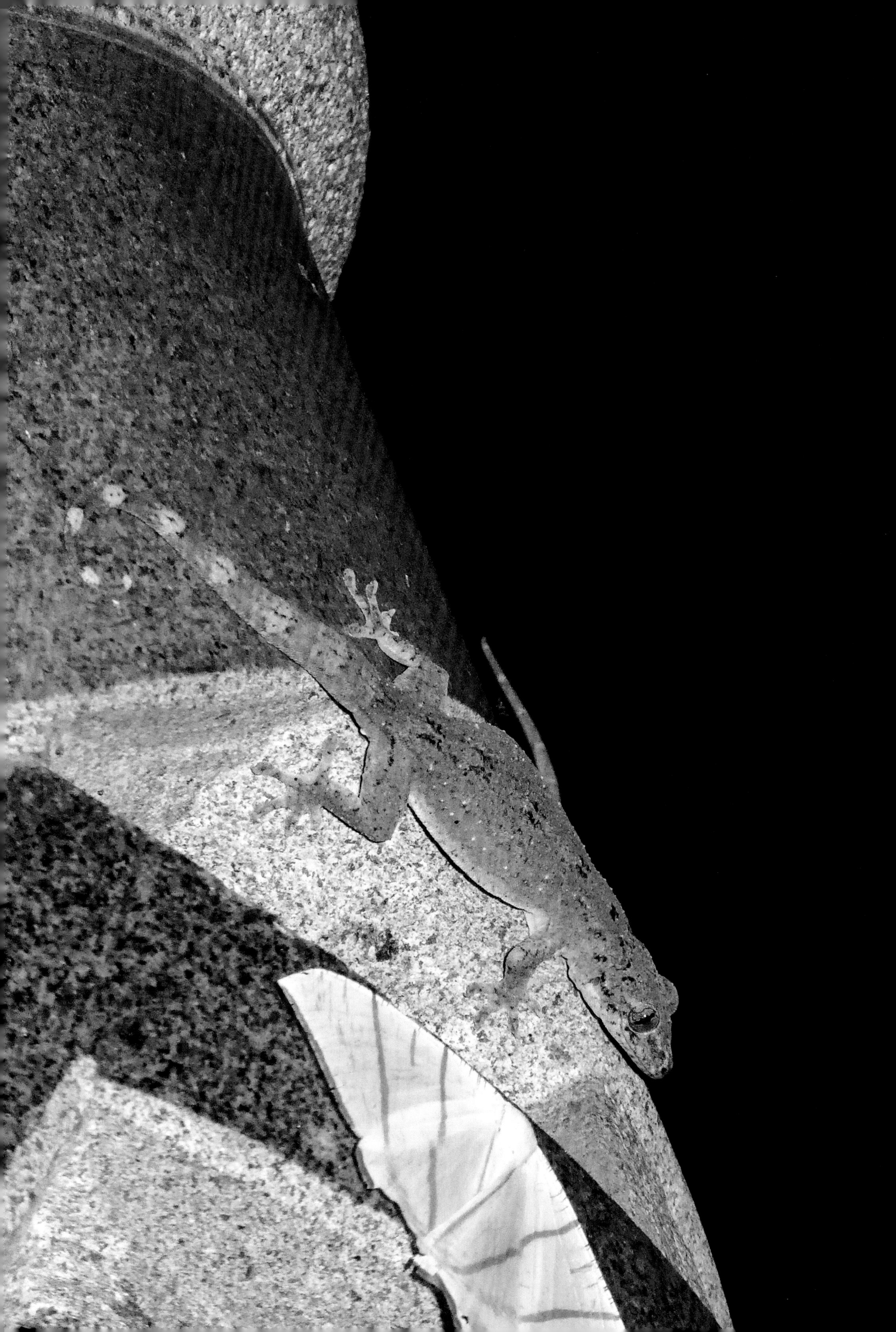

（四）石龙子科 Scincidae

5. 蜓蜥属 *Sphenomorphus* Fitzinger，1843

（6）股鳞蜓蜥 *Sphenomorphus incognitus*（Thompson，1912）

物种简介：头体长约 90 mm，尾长约 180 mm，尾长约是头体长的 2 倍。生活时体背灰褐色，自眼后角至躯干前段有 1 道大黑线，往躯干后端黑线逐渐变为淡褐色；体腹面灰白色；股后有不规则的大鳞片。栖息于丘陵、山地等地带的灌丛乱石中，以昆虫、蚯蚓等小型动物为食。分布于华南和西南地区。

保护状况：中国脊椎动物红色名录：近危（NT）

世界自然保护联盟（IUCN）濒危物种红色名录：无危（LC）

（四）石龙子科 Scincidae

5. 蜓蜥属 *Sphenomorphus* Fitzinger，1843

（7）铜蜓蜥 *Sphenomorphus indicus*（Gray，1853）

物种简介：头体长约 98 mm，尾长是头体长的 1.5 倍左右。生活时背面古铜色，其上散布有黑褐色斑，其中背中央黑褐色斑形成 1 条黑线；体侧黑褐色，零星散布有古铜色无规律斑纹；腹面鳞片乳黄色。栖息于灌丛、农耕地等环境。广泛分布于华中、华南和西南。

保护状况：中国脊椎动物红色名录：无危（LC）

（四）石龙子科 Scincidae

6. 石龙子属 *Plestiodon* Duméril and Bibron，1839

（8）中国石龙子 *Plestiodon chinensis* Gray，1838

物种简介：头体长 100—125 mm，尾长 144—189 mm，尾长约为头体长的 1.5 倍。生活时体背以灰褐色为主，体侧有棕红色、黑褐色、浅黄色杂斑，腹部灰白色；肛前有 1 对大鳞，尾中央鳞片大。栖息于农耕地、菜园、果园、乡间小道等多种生境，以蚯蚓、蜘蛛、昆虫、蜗牛等小型动物为食。广泛分布于华中、华东、华南和西南等地区。

保护状况：中国脊椎动物红色名录：无危（LC）

世界自然保护联盟（IUCN）濒危物种红色名录：无危（LC）

（四）石龙子科 Scincidae

6. 石龙子属 *Plestiodon* Duméril and Bibron，1839

（9）蓝尾石龙子 *Plestiodon elegans*（Boulenger，1887）

物种简介：头体长 70—90 mm，尾长 130—160 mm，尾长约为头体长的 2 倍。成体和幼体体色差异巨大，通常幼体体色以深黑色为主，背中央及其两侧有 5 条浅黄色纵纹，尾部亮蓝色。成体后，体背黑色褪去变为黄褐色，亮蓝色尾部也褪去变为灰褐色。肛前鳞 2 枚，股后缘有 1 簇大鳞。栖息于山地、丘陵和平原地带的小路旁、石堆边灌草丛中，且多见于阳坡灌丛。广泛分布于华中、华东、华南和西南等。

保护状况：中国脊椎动物红色名录：无危（LC）

世界自然保护联盟（IUCN）濒危物种红色名录：无危（LC）

（四）石龙子科 Scincidae

7. 滑蜥属 *Scincella* Mittleman，1950

（10）南滑蜥 *Scincella reevesii*（Gray，1838）

物种简介：全长约 150 mm，尾长略长于头体长。生活时体背浅褐色，其上散布有深褐色鳞片；体侧黑褐色，其上散布有浅色麻点。栖息于农耕地、果园等多石的生境，白天活动，以昆虫、蚯蚓等为食。分布于四川、广东、广西、海南和香港。

保护状况：中国脊椎动物红色名录：无危（LC）

（四）石龙子科 Scincidae

8. 棱蜥属 *Tropidophorus* Duméril and Bibron，1839

（11）海南棱蜥 *Tropidophorus hainanus* Smith，1923

物种简介：头体长约 40 mm，尾长约 50 mm。生活时体背棕红色，其上有数道浅色斑；腹面污白色，具小黑斑；体背和四肢鳞片起棱；腹鳞大于背鳞，光滑无棱。栖息于山区森林溪沟周边。分布于江西、湖南、广西和海南。

保护状况：中国脊椎动物红色名录：无危（LC）

世界自然保护联盟（IUCN）濒危物种红色名录：无危（LC）

（四）石龙子科 Scincidae

8. 棱蜥属 *Tropidophorus* Duméril and Bibron，1839

（12）中国棱蜥 *Tropidophorus sinicus* Boettger，1886

物种简介：全长约 100 mm，头体长与尾长相当。生活时背面深褐色，零星分布有深色斑；背鳞和侧鳞具棱，形成棱脊线；腹面污白有点斑或短饰纹；尾部有较大褐色斑。栖息于溪沟边，白天隐匿于枯枝落叶下，夜间外出觅食，以蚯蚓、昆虫等动物为食。国内分布于香港、广东和广西。

保护状况：中国脊椎动物红色名录：无危（LC）

世界自然保护联盟（IUCN）濒危物种红色名录：无危（LC）

（四）石龙子科 Scincidae

9. 光蜥属 *Ateuchosaurus* Gray，1845

（13）光蜥 *Ateuchosaurus chinensis* Gray，1845

物种简介：头体长 70—93 mm，尾长 88—101 mm，尾长与头体长相近。生活时体背呈棕褐色，眼后颈侧有深褐色斑，整个身体体侧零星分布有乳白色斑点，腹面浅棕色。栖息于山区、民宿周边的灌草丛，以小型动物为食。分布于福建、江西、贵州、广西、广东和海南。

保护状况：中国脊椎动物红色名录：无危（LC）

世界自然保护联盟（IUCN）濒危物种红色名录：无危（LC）

（五）蜥蜴科 Lacertidae

10. 草蜥属 *Takydromus* Daudin，1802

（14）北草蜥 *Takydromus septentrionalis*（Günther，1864）

物种简介：头体长 62—70 mm，尾长 180—245 mm，尾长约为头体长的 3 倍。生活时背部棕绿色，腹面灰白色；背鳞起棱，6 纵行；雄性背鳞外缘有 1 条绿色纵纹。白天活动，多见于灌草丛、林缘小路等生境。繁殖季节在 5—8 月。国内分布于华中、华南和西南地区。

保护状况：中国脊椎动物红色名录：无危（LC）

世界自然保护联盟（IUCN）濒危物种红色名录：无危（LC）

（五）蜥蜴科 Lacertidae

10. 草蜥属 *Takydromus* Daudin，1802

（15）南草蜥 *Takydromus sexlineatus* Daudin，1802

物种简介：头体长 50—62 mm，尾长约 164 mm，尾长约为头体长的 3 倍。生活时背部橄榄棕色，腹侧米黄色；背鳞起棱，4 纵行；雄性背面有 2 条窄绿纵纹；尾鳞具锐突，在尾基背面形成 4 条高的硬脊。多在晨昏活动，多见于灌草丛、林缘小路等生境。繁殖季节在 5—6 月。国内分布于浙江、福建、湖南、贵州、云南、广西和海南。

保护状况：中国脊椎动物红色名录：无危（LC）

世界自然保护联盟（IUCN）濒危物种红色名录：无危（LC）

（六）蛇蜥科 Anguidae

11. 脆蛇蜥属 *Dopasia* Gray，1831

（16）脆蛇蜥 *Dopasia harti*（Boulenger，1899）

物种简介：头体长约 210 mm，尾长约 303 mm，体硕壮似蛇形，无四肢。体背棕褐色，其上有 20 条左右不对称的金属丹青色横纹；体两侧自颈后到肛门前各有 1 条纵沟；体腹面浅棕色，无斑。栖息于山区、灌草丛、菜地、果园等生境，营穴居生活，以蚯蚓、蠕虫、蜗牛和昆虫等为食。国内分布于江西、安徽、江苏、浙江、福建、台湾、广西、云南、贵州和四川等地。

保护状况：中国脊椎动物红色名录：濒危（EN）

世界自然保护联盟（IUCN）濒危物种红色名录：无危（LC）

（七）鳄蜥科 Shinisauridae

12. 鳄蜥属 *Shinisaurus* Ahl，1930

（17）鳄蜥 *Shinisaurus crocodilurus* Ahl，1930

模式产地：金秀大瑶山

物种简介：头体长约 50 mm，尾长约 200 mm，体形似鳄鱼幼体。体背浅棕色、灰褐色，有深色横纹，体侧棕红色杂有黑斑，腹面淡黄色，有黑色斑纹，尾部有 11—12 条土黄色与褐色相间的环纹；体背覆盖细鳞，其上散布有大纵棱鳞，靠近体侧的纵棱鳞尤为明显；尾具 2 列纵脊，四肢短，具爪。栖息于林区的缓流溪沟内，夜间匍匐于潭水上方的树枝，稍有异动即坠入水中；晨昏觅食，以昆虫、蚯蚓等为食。气温降至 10 ℃左右即进入冬眠状态，冬眠期 3—4 个月。分布于广西、广东。

保护状况：国家一级保护动物

中国脊椎动物红色名录：极危（CR）

世界自然保护联盟（IUCN）濒危物种红色名录：濒危（EN）

濒危野生动植物种国际贸易公约（CITES）：附录 I

（八）鬣蜥科 Agamidae

13. 飞蜥属 *Draco* Linnaeus，1758

（18）斑飞蜥 *Draco maculatus*（Gray，1845）

物种简介：头体长 50—60 mm，尾长 100—120 mm。生活时体色多变，以麻褐色为主；体侧具淡橘红色翼膜，其上有黑色斑点；尾具灰色和褐色相间的环纹。栖息于热带、亚热带的山区林内，以昆虫为食。国内分布于海南、广西、云南和西藏。

保护状况：中国脊椎动物红色名录：无危（LC）

世界自然保护联盟（IUCN）濒危物种红色名录：无危（LC）

（八）鬣蜥科 Agamidae

14. 棘蜥属 *Acanthosaura* Gray，1831

（19）丽棘蜥 *Acanthosaura lepidogaster*（Cuvier，1829）

物种简介：头体长 60—100 mm，尾长约为头体长的 1.5 倍。头顶具不规则小鳞片，镶嵌排列；鼓膜裸露；生活时体背颜色随气温、光照等环境因子不同而改变，通常呈草绿色、褐色、棕黑色；颈背有菱形斑，眼下方有 2 条放射状纹路；腹面浅灰色，有黑斑；颈鬣发达，但与背鬣不连续。栖息于山区林内的灌丛，以蚯蚓、昆虫等为食。分布于福建、江西、广东、广西、海南、贵州和云南。

保护状况：中国脊椎动物红色名录：无危（LC）

世界自然保护联盟（IUCN）濒危物种红色名录：无危（LC）

（八）鬣蜥科 Agamidae

15. 树蜥属 *Calotes* Cuvier，1817

（20）变色树蜥 *Calotes versicolor*（Daudin, 1802）

物种简介：头体长 80—90 mm，尾长约为头体长的 3 倍。体色随环境不同而变化，体背通常为浅褐色或深褐色，具 5—6 个黑棕色横斑，尾部有 10 条左右浅色环纹；眼周有 9—10 条深色辐射状纹；繁殖期雄性头部和背部前端橘红色，颈鬣发达且与背鬣相连。栖息于山地、丘陵、平原地带的灌丛草中，公园、校园内也可见。国内广泛分布于华南区域。

保护状况：中国脊椎动物红色名录：无危（LC）

世界自然保护联盟（IUCN）濒危物种红色名录：无危（LC）

（九）盲蛇科 Typhlopidae

16. 印度盲蛇属 *Indotyphlops* Pyron and Wallach，2014

（21）钩盲蛇 *Indotyphlops braminus*（Daudin，1803）

物种简介：全长约 150 mm，为我国所产最小蛇类之一，体型似蚯蚓。头颈不分，吻端钝圆，眼睛隐于皮下呈一黑点；尾亦钝圆，末端有坚硬尖鳞；通体黑褐色，有金属光泽，体背面颜色较体腹面颜色略深。栖息于枯枝腐叶覆盖的松软土层下，营穴居生活，阴雨天或夜间到地面活动，以蚯蚓、白蚁和昆虫卵等为食。国内南方诸省皆有分布。

保护状况：中国脊椎动物红色名录：数据缺乏（DD）

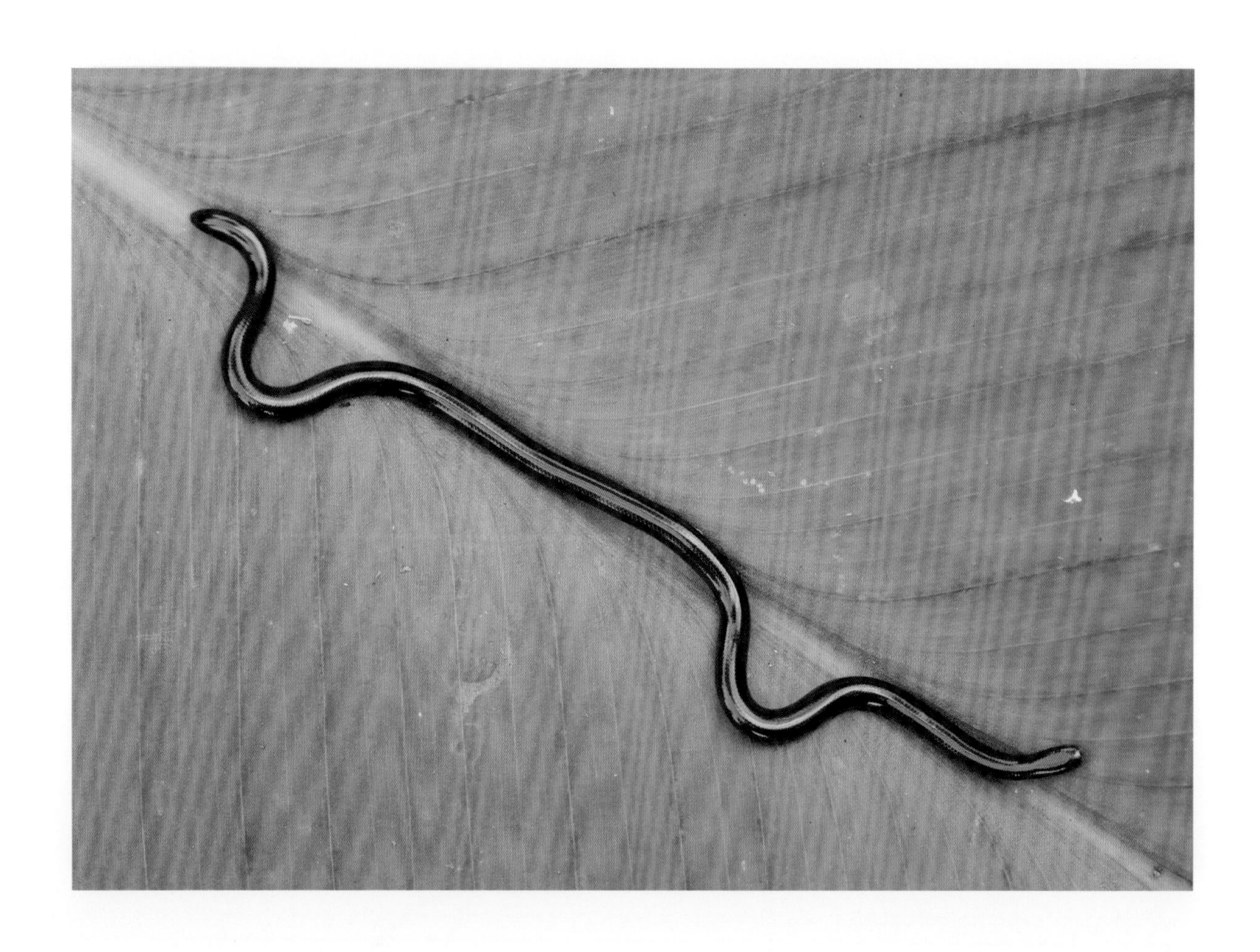

(十)闪鳞蛇科 Xenopeltidae

17. 闪鳞蛇属 *Xenopeltis* Reinwardt，1827

(22)海南闪鳞蛇 *Xenopeltis hainanensis* Hu and Zhao，1972

物种简介：全长约 900 mm，为中等体型无毒蛇。头钝椭圆形，眼小，头颈不区分；尾钝圆且短；体背蓝褐色，泛金属光泽；腹面灰白色。栖息于杂草、菜地等土下或覆盖物下，营穴居生活，夜间外出觅食，以蚯蚓、昆虫等小型动物为食。分布于江西、浙江、福建、湖南、广西、广东和海南。

保护状况：国家二级保护动物

中国脊椎动物红色名录：近危（NT）

世界自然保护联盟（IUCN）濒危物种红色名录：无危（LC）

（十一）蟒科 Boidae

18. 蟒属 *Python* Daudin，1803

（23）蟒蛇 *Python bivittatus* Kuhl，1820

物种简介：成体全长约 4 000 mm，最长可达 7 000 mm，体粗壮，大型无毒蛇。头三角形，头背有 1 对大鳞；生活时体背颜色以灰黄色、土褐色为主，整个背面布满似豹斑的大块斑纹，体侧的斑纹小于背部的斑纹；腹面米黄色。见于植被茂密的林区，以小麂、小野猪、兔、松鼠和家禽等为食。国内主要分布于华南和西南地区，国外分布于东南亚各国。

保护状况：国家二级保护动物

中国脊椎动物红色名录：极危（CR）

世界自然保护联盟（IUCN）濒危物种红色名录：易危（VU）

濒危野生动植物种国际贸易公约（CITES）：附录Ⅱ

（十二）闪皮蛇科 Xenodermatidae

19. 脊蛇属 *Achalinus* Peters，1869

（24）黑脊蛇 *Achalinus spinalis* Peters，1869

物种简介：全长约 500 mm，为小型无毒蛇。头小，头颈区分不明显；通体褐色，其中背脊黑褐色，具金属光泽，腹面浅褐色。栖息于山地、丘陵等地带的农耕地、果园等潮湿疏松的生境，通常隐匿于土表之下，营穴居或隐匿生活，夜间或雨天外出觅食。国内华东、华南、西南甚至西北地区均有分布。

保护状况：中国脊椎动物红色名录：无危（LC）

世界自然保护联盟（IUCN）濒危物种红色名录：无危（LC）

（十三）钝头蛇科 Pareatidae

20. 钝头蛇属 *Pareas* Wagler，1830

（25）中国钝头蛇 *Pareas chinensis*（Barbour，1912）

物种简介：全长约 600 mm，为小型无毒蛇。头钝椭圆形，吻端宽圆，背脊明显隆起，眼大，瞳孔纵置且小；头背具褐色和浅棕红色相杂的无规则斑纹；颈部有褐色纵条纹；体背有浅棕色和深棕色间隔的横斑，浅棕色横斑宽于深棕色横斑；腹面黄白色。栖息于林区内的灌丛生境，夜间活动。分布于华中、华南和西南地区。

保护状况：中国脊椎动物红色名录：无危（LC）

世界自然保护联盟（IUCN）濒危物种红色名录：无危（LC）

（十三）钝头蛇科 Pareatidae

20. 钝头蛇属 *Pareas* Wagler，1830

（26）缅甸钝头蛇 *Pareas hamptoni*（Boulenger，1905）

物种简介：全长约 600 mm，为小型无毒蛇。头钝圆形，吻端钝圆，头颈区分明显；眼大，琥珀黄，瞳孔纵置；头背有黄褐色和黑褐色混杂密斑；体背黄褐色，其上有黑褐色不规则横斑；背脊隆起；尾纤细，具缠绕性；眼后有 2 道细纹，1 道自眼后到嘴角，1 道自眼后至颈侧。栖息于山区林内灌丛、农耕地、果园和菜园等生境中，以蜗牛、蛞蝓为食。国内分布于云南、广西和海南。

保护状况：中国脊椎动物红色名录：近危（NT）

世界自然保护联盟（IUCN）濒危物种红色名录：无危（LC）

（十三）钝头蛇科 Pareatidae

20. 钝头蛇属 *Pareas* Wagler，1830

（27）横纹钝头蛇 *Pareas margaritophorus*（Jan，1866）

物种简介：全长约 400 mm，为小型无毒蛇。头略大，呈椭圆形，吻端钝圆，头颈区分明显；头背有污白色和灰褐色组成的不规则斑纹；体背浅灰蓝色，部分鳞片为黑白两色，并在背部形成不规则斑纹，在靠近躯体后部形成黑白横纹；腹面污白色，散布有黑色斑；受惊吓时脖子缩成 S 形。栖息于山地、丘陵和平原地带的灌丛、路边、农耕地等多种生境，以蚯蚓、昆虫等小型动物为食。主要分布于我国南方地区。

保护状况：中国脊椎动物红色名录：近危（NT）

世界自然保护联盟（IUCN）濒危物种红色名录：无危（LC）

（十四）蝰科 Viperidae

21. 白头蝰属 *Azemiops* Boulenger，1888

（28）白头蝰 *Azemiops kharini* Orlov，Ryabov and Nguyen，2013

物种简介：全长约 600 mm，为中小型管牙类毒蛇。头扁，呈三角形，头颈区分明显；头背白色，有黄褐色斑纹，吻端淡黄色；躯干和尾紫黑色，其上有橘红色横纹；头腹面浅棕褐色；体腹面浅藕褐色。栖息于山地、丘陵地带的草地、灌丛、农耕地、菜园、果园、农舍边等多种生境，晨昏活动，以鼠、蛙等为食。长江以南的诸多省份均有分布。

保护状况：中国脊椎动物红色名录：易危（VU）

世界自然保护联盟（IUCN）濒危物种红色名录：濒危（EN）

（十四）蝰科 Viperidae

22. 原矛头蝮属 *Protobothrops* Hoge and Romano-Hoge，1983

（29）角原矛头蝮 *Protobothrops cornutus*（Smith，1930）

物种简介：全长约 700 mm，为中小型管牙类毒蛇。头呈三角形，头颈区分明显；头背具粒鳞，有 X 形纹，眼后至颞部有八字形斑；上眼睑有角状突起；体和尾背面以灰褐色为主，其上有交错相连排列的深褐色斑；体侧不均匀地分布有粉棕色斑；腹面浅灰色，有深浅不一的斑纹；毒液为血循毒。栖息于林区内，以鼠、蛙等小型动物为食。国内分布于浙江、贵州、广东和广西。

保护状况：国家二级保护动物

中国脊椎动物红色名录：极危（CR）

世界自然保护联盟（IUCN）濒危物种红色名录：近危（NT）

（十四）蝰科 Viperidae

22. 原矛头蝮属 *Protobothrops* Hoge and Romano-Hoge，1983

（30）原矛头蝮 *Protobothrops mucrosquamatus*（Cantor，1839）

物种简介：全长约 1 000 mm，为中等大小的管牙类毒蛇。头大，呈三角形，头颈区分十分明显，有颞窝；眼后至颈部有 1 道细暗褐色纵线纹；虹膜琥珀色，瞳孔纵置；头背为小鳞，黄褐色，无斑；体、尾背面以棕褐色为主，其上有交错的酱褐色斑，酱褐色斑嵌有浅黄色斑；腹面污白色，有浅褐色斑点；毒液为血循毒。栖息于山地和丘陵地带的灌丛、竹林、农耕地等多种生境，以鼠、蛙、蛇、鸟等动物为食。广泛分布于长江以南的大部分区域。

保护状况：中国脊椎动物红色名录：无危（LC）

世界自然保护联盟（IUCN）濒危物种红色名录：无危（LC）

（十四）蝰科 Viperidae

23. 烙铁头蛇属 *Ovophis* Burger，1981

（31）山烙铁头蛇 *Ovophis monticola*（Günther，1864）

物种简介：全长约600 mm，为中等大小的管牙类毒蛇，体型粗短。头呈三角形，头颈区分明显，具颊窝；头背为小鳞，黑褐色，无斑，头侧自吻端经眼至颈后有1道棕褐色纵斑；体、尾背面棕褐色，其上有左右交错排列的深褐色斑纹，腹面污白色，有棕褐色斑点；尾端骤然变细；尾下鳞双行；毒液为血循毒。栖息于山地、丘陵地带的灌丛、林间小路、农耕地、菜地、果园等多种生境，夜间活动，以鼠、蛙、蜥蜴等为食。西南、华南、华东、华中等地皆有分布记录。

保护状况：中国脊椎动物红色名录：近危（NT）

世界自然保护联盟（IUCN）濒危物种红色名录：无危（LC）

（十四）蝰科 Viperidae

23. 烙铁头蛇属 *Ovophis* Burger，1981

（32）越南烙铁头蛇 *Ovophis tonkinensis*（Bourret，1934）

物种简介：全长约800 mm，为中等大小的管牙类毒蛇，体型粗短。头呈三角形，头颈区分明显，具颞窝；越南烙铁头蛇与山烙铁头蛇的体色和斑纹特征十分相似，两者的主要区别：越南烙铁头蛇尾下鳞单行，而山烙铁头蛇尾下鳞双行。栖息于山地、丘陵地带的灌丛、农耕地、杂草丛等生境，以鼠、蛙等动物为食。国内分布于广东、广西和海南。

保护状况：中国脊椎动物红色名录：无危（LC）

世界自然保护联盟（IUCN）濒危物种红色名录：无危（LC）

（十四）蝰科 Viperidae

24. 竹叶青属 *Trimeresurus* Lacepede，1804

（33）白唇竹叶青蛇 *Trimeresurus albolabris*（Gray，1842）

物种简介：全长约 1 000 mm，为中等大小纤细的管牙类毒蛇。头大，呈三角形，头颈区分十分明显，具颞窝；头背为小鳞，绿色，无斑；体背绿色，无斑，体侧有 1 道白色细侧纹；尾背及尾末端焦红色；腹面浅黄绿色，无斑；虹膜浅琥珀色，瞳孔纵置，黑色；毒液为血循毒。栖息于山地、丘陵和平原等地带的灌丛、竹林、菜地、果园、农耕地等多种生境，以蛙、鼠和蜥蜴等为食。分布于国内南方地区。

保护状况：中国脊椎动物红色名录：无危（LC）

世界自然保护联盟（IUCN）濒危物种红色名录：无危（LC）

（十四）蝰科 Viperidae

24. 竹叶青属 *Trimeresurus* Lacepede，1804

（34）福建竹叶青蛇 *Trimeresurus stejnegeri*（Schmidt，1925）

物种简介：全长约 800 mm，为中等大小的管牙类毒蛇。头呈三角形，头颈区分明显，具颞窝；头背为小鳞，翠绿色，无斑；躯干背面翠绿色，尾背和尾尖焦红色；体侧具红白各半或白色的细侧纹，侧纹从颈部贯穿至尾部；腹面为草绿色；虹膜存在雌雄二型性，通常雄性为琥珀红，雌性为琥珀黄；瞳孔纵置，黑色；毒液为血循毒。栖息于山地、丘陵和平原地带的竹林、灌丛、草丛等靠近水源的生境，以蛙、蜥蜴和鼠等动物为食。国内广泛分布。

保护状况：中国脊椎动物红色名录：无危（LC）

世界自然保护联盟（IUCN）濒危物种红色名录：无危（LC）

（十五）水蛇科 Homalopsidae

25. 沼蛇属 *Myrrophis* Gray，1842

（35）中国水蛇 *Myrrophis chinensis*（Gray，1842）

物种简介：全长约 800 mm，为中等大小后沟牙类毒蛇。头略大，头颈区分不明显；头背棕褐色，有深褐色斑纹，其正中有向后延伸的纵斑，纵斑两侧似“（ ）”形斑；体背有零星分布黑斑，黑斑在体侧形成不连续的线样纵纹；腹面有红黑相间的横斑。栖息于农田、水沟、水塘等水体环境，营水栖生活，以鱼、蛙、蝌蚪等动物为食。华中、华东和华南等地有分布。

保护状况：中国脊椎动物红色名录：易危（VU）

世界自然保护联盟（IUCN）濒危物种红色名录：无危（LC）

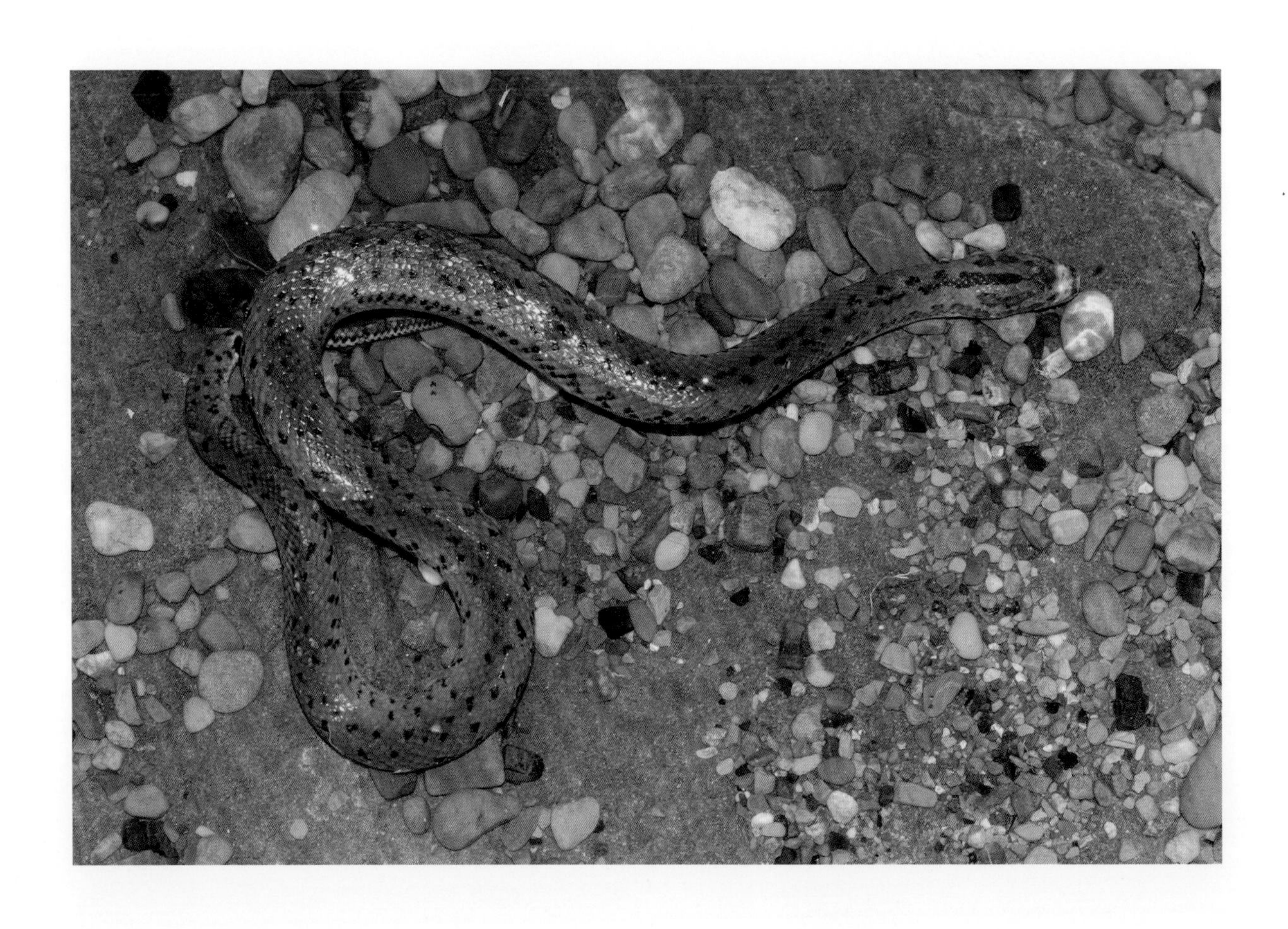

（十五）水蛇科 Homalopsidae

26. 铅色蛇属 *Hypsiscopus* Boie，1827

（36）铅色水蛇 *Hypsiscopus plumbea*（Boie，1827）

物种简介：全长约 500 mm，为小型后沟牙类毒蛇。头钝椭圆形，头颈可区分；整个体背橄榄绿色，无斑纹；腹面乳白色，无斑；体粗尾短。栖息于水田、水塘、水库、水沟等生境，营水栖生活，以鱼、蛙等小型动物为食。长江以南广泛分布。

保护状况：中国脊椎动物红色名录：易危（VU）

世界自然保护联盟（IUCN）濒危物种红色名录：无危（LC）

（十六）鳗形蛇科 Lamprophiidae

27. 紫沙蛇属 *Psammodynastes* Günther，1858

（37）紫沙蛇 *Psammodynastes pulverulentus*（Boie，1827）

物种简介：全长约 500 mm，为中小型后沟牙毒蛇。头钝椭圆形，吻端平切，吻棱明显；头颈区分明显；头背灰棕褐色，有似 Y 形斑纹；通体以麻褐色为主，其上散布有不规则的浅黑色和污白色斑；腹面污白色，有似腹链的锈色斑纹，并密布紫褐色细点。栖息于山地、丘陵等地带的林下郁闭处，以蛙、蜥蜴等为食。分布于华东、华中、华南和西南等。

保护状况：中国脊椎动物红色名录：无危（LC）

（十七）眼镜蛇科 Elapidae

28. 中华珊瑚蛇属 *Sinomicrurus* Slowinski，Boundy and Lawson，2001

（38）中华珊瑚蛇 *Sinomicrurus macclellandi* （Reinhardt，1844）

物种简介：全长约 600 mm，为小型前沟牙类毒蛇。头扁，略呈椭圆形，头颈区分不明显；头背有一宽大乳白色横纹，吻至乳白色横纹间为浅褐色，紧接乳白色横纹为一黑褐色宽横纹；躯干红褐色，有金属光泽，其上有约一鳞片宽度的黑褐色横纹，黑色横纹间略等距；腹面乳白色，有黑褐色金属光泽黑斑；毒液为神经毒。栖息于林区内，以小型蛇或蜥蜴等为食。长江以南诸省皆有分布。

保护状况：中国脊椎动物红色名录：易危（VU）

（十七）眼镜蛇科 Elapidae

29. 眼镜王蛇属 *Ophiophagus* Günther，1864

（39）眼镜王蛇 *Ophiophagus hannah*（Cantor，1836）

物种简介：全长约 3 000 mm，为大型前沟牙类毒蛇。头椭圆形，略扁，头颈区分不明显，枕鳞大而明显；受惊吓时，头及躯干前部分垂直立起，颈部扁平扩大做攻击状；头背淡黄绿色，无斑，颈部第一污白色横纹呈∧形，其后污白横纹基本呈一字形横跨背部，越往躯干后端污白横纹越淡；幼体时黑色躯体上的横纹更加明显，成体后这种黑白对比度下降；腹面以淡灰色为主，在体背污白横纹对应的腹部处呈乳黄色；其毒液是神经毒和血循毒混合，以神经毒为主，毒性大，致死率高。栖息于山地、丘陵和平原地带的农耕地、村庄附近乱石杂木堆，以蛇类为食，亦食鼠类和鸟类等动物。分布于华中、华东、华南和西南等地。

保护状况：国家二级保护动物

中国脊椎动物红色名录：濒危（EN）

世界自然保护联盟（IUCN）濒危物种红色名录：易危（VU）

濒危野生动植物种国际贸易公约（CITES）：附录Ⅱ

（十七）眼镜蛇科 Elapidae

30. 眼镜蛇属 *Naja* Laurenti，1768

（40）舟山眼镜蛇 *Naja atra* Cantor，1842

物种简介：全长约 1 300 mm，为中大型前沟牙毒蛇。头椭圆形，略扁，头颈区分不明显，受惊吓时头和躯干前段立起做攻击状；头背灰褐色，无斑，颈部第 1 道白斑似眼镜状斑纹，第 2 道为白色宽横纹，之后的横纹为细窄横纹；颈部腹面以淡乳黄色为主，其中部有 1 道宽的黑褐色横纹，横纹之上有 2 个黑色斑点；颈部之后腹面灰褐色；其毒液是神经毒和血循毒混合，以神经毒为主。栖息于林缘、村庄、农耕地周边灌丛生境，以蛇、蛙、鸟、蜥蜴等小型动物为食。分布于华中、华东、华南和西南等地。

保护状况：中国脊椎动物红色名录：易危（VU）

世界自然保护联盟（IUCN）濒危物种红色名录：易危（VU）

濒危野生动植物种国际贸易公约（CITES）：附录Ⅱ

（十七）眼镜蛇科 Elapidae

31. 环蛇属 *Bungarus* Daudin，1803

（41）金环蛇 *Bungarus fasciatus*（Schneider，1801）

物种简介：全长约 1 500 mm，为中大型前沟牙类毒蛇。头椭圆形，略扁，头颈可区分；从吻端至颈部有 1 道粗黑纵斑，眼后至颈侧为黄色，躯干上黄、黑横纹相间，通常黑纹宽度略大于黄纹宽度，黑纹间略等距；躯干横切面近三角形，背棱隆起明显；尾端钝圆；毒液为神经毒。栖息于山地和丘陵等生境，夜间外出觅食，以蛇、鼠、蛙、蜥蜴等动物为食。国内分布于澳门、香港、福建、江西、广东、广西、云南和海南。

保护状况：中国脊椎动物红色名录：濒危（EN）

世界自然保护联盟（IUCN）濒危物种红色名录：无危（LC）

（十七）眼镜蛇科 Elapidae

31. 环蛇属 *Bungarus* Daudin，1803

（42）银环蛇 *Bungarus multicinctus* Blyth，1861

物种简介：全长约1 500 mm，为中大型前沟牙毒蛇。头椭圆形，略扁，头颈可区分；头背黑褐色，无斑，枕部有∧形污白斑，整个躯干和尾部黑、白横纹相间；幼体枕部有1对大白斑，成体后白色褪去；毒液为神经毒。栖息于山地、丘陵和平原等地带的农耕地、菜园、果园、灌丛等生境，以鱼、蛙、鼠、蛇等动物为食。分布于华中、华东、华南和西南等地。

保护状况：中国脊椎动物红色名录：濒危（EN）

世界自然保护联盟（IUCN）濒危物种红色名录：无危（LC）

（十八）游蛇科 Colubridae

32. 两头蛇属 *Calamaria* Bioe，1826

（43）钝尾两头蛇 *Calamaria septentrionalis* Boulenger，1890

物种简介：全长约 300 mm，为小型无毒蛇。头小，头颈不区分；体呈椭圆形，尾端末端钝圆；体背酱褐色，泛金属光泽；颈部有 1 道泛黄色浅横纹，肛门处亦有 1 道浅黄色横纹；腹面橘红色，尾腹面中间有褐色纵斑。栖息于菜园、果园、农耕地、灌丛等生境地下，雨后或夜间爬出地面，营穴居生活，以蚯蚓等无脊椎动物幼虫为食。长江以南的大部分地区皆有分布。

保护状况：中国脊椎动物红色名录：无危（LC）

世界自然保护联盟（IUCN）濒危物种红色名录：无危（LC）

（十八）游蛇科 Colubridae

33. 斜鳞蛇属 *Pseudoxenodon* Boulenger，1890

（44）横纹斜鳞蛇 *Pseudoxenodon bambusicola* Vogt，1922

物种简介：全长约600 mm，为中小型无毒蛇。头椭圆形，眼大，头颈区分明显；头背有一箭形斑，尖端向前，在颈后分叉后，沿颈背延伸一个头的长度后在体背相连形成一个闭环；头侧自吻端经眼至口角有一道黑纹；体背棕褐色，其上有深褐色横纹，尾部背脊有细深褐色纵纹；腹面乳白色，其上零星散布有灰褐色斑纹。栖息于林区的水源地附近，以蛙为食，白天活动。国内分布于华东、华南等地。

保护状况：中国脊椎动物红色名录：无危（LC）

世界自然保护联盟（IUCN）濒危物种红色名录：无危（LC）

（十八）游蛇科 Colubridae

33. 斜鳞蛇属 *Pseudoxenodon* Boulenger，1890

（45）崇安斜鳞蛇 *Pseudoxenodon karlschmidti* Pope，1928

物种简介：雄性全长 600—720 mm，雌性约 500 mm，为中小型无毒蛇。头椭圆形，头颈区分明显；头背橄榄色，颈背有深色箭形斑，该箭斑前缘嵌白边；背部正中央有近椭圆形污白色斑，腹侧有褐色横斑；腹面灰白色。栖息于林区路旁、沟边、农耕地等生境。分布于广东、广西、湖南、贵州、福建和海南。

保护状况：中国脊椎动物红色名录：无危（LC）

世界自然保护联盟（IUCN）濒危物种红色名录：无危（LC）

（十八）游蛇科 Colubridae

34. 剑蛇属 *Sibynophis* Fitzinger，1843

（46）黑头剑蛇 *Sibynophis chinensis*（Günther，1889）

物种简介：全长约 700 mm，为小型无毒蛇，体形细长。头椭圆形，头颈区分不明显；头背灰褐色，散布有黑褐色斑纹；头颈部有黑斑，黑斑后缘嵌细白边；上唇鳞白色，形成一道白斑；体背棕褐色，无斑；腹鳞白色，腹鳞侧缘有黑色斑，形成似腹链纵纹。栖息于山地、丘陵和平原地带的农耕地、菜园、果园等多种生境，以蜥蜴、蛙和鼠等动物为食。国内大多数省份有分布。

保护状况：中国脊椎动物红色名录：无危（LC）

世界自然保护联盟（IUCN）濒危物种红色名录：无危（LC）

（十八）游蛇科 Colubridae

35. 瘦蛇属 *Ahaetulla* Link，1807

（47）绿瘦蛇 *Ahaetulla prasina*（Boie，1827）

物种简介：全长约 1 100 mm，为中等大小后沟牙类毒蛇，体形细长。头略狭长，吻端平扁且突出于下颌甚多，眼大，头颈区分十分明显；头背鲜绿色，无斑，躯干和尾背面鲜绿色，受惊吓时身体前段缩成 S 形做攻击状；腹面淡绿色，腹鳞和部分尾鳞的侧棱白色，形成 2 条白色纵线纹。栖息于山地、丘陵地带的树木和灌丛上，营树栖生活，是典型的树栖蛇类，以蜥蜴和鸟等动物为食。分布于南方诸省。

保护状况：中国脊椎动物红色名录：无危（LC）

（十八）游蛇科 Colubridae

36. 林蛇属 *Boiga* Fitzinger，1826

（48）繁花林蛇 *Boiga multomaculata*（Boie，1827）

物种简介：全长约 800 mm，为后沟牙类毒蛇。头大，近三角形，头颈区分明显；头背有一 Λ 形深褐色大斑，自吻端过眼至颌角后缘有 1 道黑色纹；通体浅棕褐色，在体侧各有 2 道近圆形深褐色斑纹排列；腹面乳白色，有浅褐色方斑。栖息于森林、灌丛中，营树栖生活，以鸟和蜥蜴等动物为食。国内分布于华东、华南和西南地区。

保护状况：中国脊椎动物红色名录：无危（LC）

（十八）游蛇科 Colubridae

36. 林蛇属 *Boiga* Fitzinger，1826

（49）绞花林蛇 *Boiga kraepelini* Stejneger，1902

物种简介：全长约 1 400 mm，为中等体型的后沟牙类毒蛇。头大，呈三角形，眼大，头颈区分明显；体略扁，躯干和尾修长；头背有一深棕色倒 V 斑；体色为灰褐色，在脊背中央有近菱形深色斑，体侧亦有深色不规则斑；腹面乳白色，有棕褐色斑点。栖息于林区的树上，营林栖生活，以鸟、蜥蜴等动物为食。华中、华东、华南和西南等区域都有分布。

保护状况：中国脊椎动物红色名录：无危（LC）

世界自然保护联盟（IUCN）濒危物种红色名录：无危（LC）

（十八）游蛇科 Colubridae

37. 小头蛇属 *Oligodon* Boie，1827

（50）中国小头蛇 *Oligodon chinensis*（Günther，1888）

物种简介：全长约 700 mm，为中等大小无毒蛇。头小，头颈区分不明显；头背有 2 道 Λ 形的褐色斑，第 1 道横跨两眼之间，第 2 道从顶鳞开始，自枕后向两侧岔开；通体背部以淡褐色为主，其上有 10 余道深褐色横纹，背脊中央有 1 道浅橘红色纵纹；腹面淡黄色，其中腹鳞具白色侧棱，形成白色纵纹。栖息于丘陵、山地和平原等地带靠近村庄的灌丛生境，以爬行动物卵为食。分布于华中、华东、华南和西南等地。

保护状况：中国脊椎动物红色名录：无危（LC）

世界自然保护联盟（IUCN）濒危物种红色名录：无危（LC）

（十八）游蛇科 Colubridae

37. 小头蛇属 *Oligodon* Boie，1827

（51）紫棕小头蛇 *Oligodon cinereus*（Günther，1864）

物种简介：全长约 500 mm，为中小型无毒蛇。头小，头颈区分不明显；背面颜色为紫棕色，头背无斑纹，体背具零星褐斑；腹面乳白色，无斑。栖息于山地、丘陵等地带的农耕地、菜园、果园等灌丛生境，以爬行动物的卵为食。主要分布于华南和西南地区。

保护状况：中国脊椎动物红色名录：无危（LC）

世界自然保护联盟（IUCN）濒危物种红色名录：无危（LC）

（十八）游蛇科 Colubridae

37. 小头蛇属 *Oligodon* Boie，1827

（52）饰纹小头蛇 *Oligodon ornatus* Van Denburgh，1909

物种简介：全长约 500 mm，为中等大小无毒蛇。头小，头颈区分不明显；头背棕褐色，有 2 道 Λ 形的深褐色斑纹，第 1 道横跨眼睛，深褐色斑几乎到达吻端，第 2 道从顶鳞开始向枕后两侧岔开；体背以棕褐色为主，有 4 条黑色纵纹和 10 条左右深褐色波状横纹；腹面鳞片中央形成粗的红色纵纹，腹鳞两侧有黑褐色斑。栖息于农耕地、果园、菜园等生境，以爬行动物卵为食。分布于华中、华东和华南等地。

保护状况：中国脊椎动物红色名录：近危（NT）

世界自然保护联盟（IUCN）濒危物种红色名录：无危（LC）

（十八）游蛇科 Colubridae

38. 翠青蛇属 *Cyclophiops* Boulenger，1888

（53）翠青蛇 *Cyclophiops major*（Günther，1858）

物种简介：全长约 1 000 mm，为中型陆栖无毒蛇。头椭圆形，头颈可区分；整个体背为纯绿色，腹面浅黄绿色。栖息于丘陵、山地地带的农耕地、菜园、果园和灌丛等多种生境，以小型动物如蚯蚓、昆虫等为食。广泛分布于国内的大多数省份。

保护状况：中国脊椎动物红色名录：无危（LC）

世界自然保护联盟（IUCN）濒危物种红色名录：无危（LC）

（十八）游蛇科 Colubridae

38. 翠青蛇属 *Cyclophiops* Boulenger，1888

（54）横纹翠青蛇 *Cyclophiops multicinctus*（Roux，1907）

物种简介：全长约 1 000 mm，为中等体型的无毒蛇。头椭圆形，眼大，头颈能区分；体背前段草绿色，之后体色逐渐变为茶褐色，到尾部后颜色变为浅棕色；自躯干中段起往后体侧有浅黄色或淡棕色横纹；腹面两侧腹鳞与体背同色，但中央腹鳞污白。栖息于山地、丘陵地带的农耕地及其附近灌草丛生境，以蚯蚓、昆虫等小型动物为食。分布于湖南、云南、广西和海南。

保护状况：中国脊椎动物红色名录：近危（NT）

世界自然保护联盟（IUCN）濒危物种红色名录：无危（LC）

（十八）游蛇科 Colubridae

39. 鼠蛇属 *Ptyas* Fitzinger，1843

（55）乌梢蛇 *Ptyas dhumnades*（Cantor，1842）

物种简介：全长约 2 000 mm，为大型无毒蛇。头椭圆形，头颈区分明显；头背橄榄绿，无斑；体背绿褐色，其上有 4 道黑色纵纹，成体时躯干中前段 4 道黑纹清晰可见，躯干后部则消失，为灰褐色，幼体则是鲜绿色，4 道黑色纵纹贯穿全身；背脊中央鳞片起棱；腹面污白色。栖息于山地、丘陵和平原地带的农耕地、菜园、果园的灌丛附近，以蛙、鱼等动物为食。国内大多数省份都有分布。

保护状况：中国脊椎动物红色名录：易危（VU）

（十八）游蛇科 Colubridae

39. 鼠蛇属 *Ptyas* Fitzinger，1843

（56）灰鼠蛇 *Ptyas korros*（Schlegel，1837）

物种简介：全长约为 1 500 mm，为大型无毒蛇。头椭圆形，眼略大，瞳孔圆；头颈可区分；整个体背棕褐色，无斑，鳞片游离端边缘色较深，形成网状细纹；腹面污白色，但腹鳞近体侧端色略深。栖息于灌丛、农耕地、山区居民区附近、菜园、果园等生境，以蛙、蟾蜍、鼠类等脊椎动物为食。华中、华东、华南和西南均有分布。

保护状况：中国脊椎动物红色名录：易危（VU）

（十八）游蛇科 Colubridae

39. 鼠蛇属 *Ptyas* Fitzinger，1843

（57）滑鼠蛇 *Ptyas mucosa*（Linnaeus，1758）

物种简介：全长约 2 000 mm，为大型无毒蛇。头椭圆形，眼中等大小，头颈区分明显；整个体背棕褐色，在躯干中后段部分鳞片边缘或一半鳞片为黑色，形成不规则斑纹；腹面以黄白色为主，腹鳞游离端黑褐色；受惊吓时头颈部抬起，颈部侧扁做攻击状。栖息于林缘、灌丛、农耕地等生境，以鼠、蛙、蟾蜍等脊椎动物为食。国内大多数省份都有分布。

保护状况：中国脊椎动物红色名录：濒危（EN）

濒危野生动植物种国际贸易公约（CITES）：附录Ⅱ

（十八）游蛇科 Colubridae

40. 尖喙蛇属 *Rhynchophis* Mocquard，1897

（58）尖喙蛇 *Rhynchophis boulengeri* Mocquard，1897

物种简介：全长约 1 100 mm，为中等大小的无毒蛇，体型纤细。头似锥形，特别是吻端似锥子突出明显，头颈可区分；头背绿色，无斑；有 1 道过眼饰纹；躯干和尾部亦为绿色，无斑；头背淡黄绿色，体腹面淡绿色；体侧具侧棱。栖息于亚热带林区内，营树栖生活为主，以蜥蜴、鸟等动物为食。国内分布于广西和海南。

保护状况：国家二级保护动物

中国脊椎动物红色名录：易危（VU）

世界自然保护联盟（IUCN）濒危物种红色名录：无危（LC）

（十八）游蛇科 Colubridae

41. 链蛇属 *Lycodon* Boie，1826

（59）黄链蛇 *Lycodon flavozonatus*（Pope，1928）

物种简介：全长约 1 000 mm，为中等体型的无毒蛇。头略大，吻端宽且略平切，眼中等大小，瞳孔纵置；头背褐色，有黄色网纹；体背褐色，有约等距的黄色窄横纹；体侧以黄色斑纹居多，其间有浅褐色斑纹；腹面污白色。栖息于山地、丘陵、平原等地带的沟槽和水源附近，以蜥蜴、鸟甚至蛇等脊椎动物为食，分布于华中、华东、华南和西南地区多数省份。

保护状况：中国脊椎动物红色名录：无危（LC）

世界自然保护联盟（IUCN）濒危物种红色名录：无危（LC）

（十八）游蛇科 Colubridae

41. 链蛇属 *Lycodon* Boie，1826

（60）赤链蛇 *Lycodon rufozonatus* Cantor，1842

物种简介：全长约 1 300 mm，为中等偏大的无毒蛇。头椭圆形，头颈可区分；通体为黑褐色和绛红色斑纹相间，斑纹间距略相近；腹面污白色，腹鳞两侧有黑褐色斑点；枕部有绛红色倒 V 斑。栖息于丘陵、平原和山地地带的小路边、农耕地、乡间小道等，多在傍晚或夜间活动，以小型脊椎动物为食。广泛分布于国内的大多数省份。

保护状况：中国脊椎动物红色名录：无危（LC）

世界自然保护联盟（IUCN）濒危物种红色名录：无危（LC）

（十八）游蛇科 Colubridae

41. 链蛇属 *Lycodon* Boie，1826

（61）黑背白环蛇 *Lycodon ruhstrati*（Fischer，1886）

物种简介：全长约 1 000 mm，为中等大小无毒蛇。头略大而扁，头颈区分明显，眼中等大小，瞳孔纵置；躯干、尾较细长；体背黑褐色或褐色，其上具污白色横纹，横纹在体侧变宽；腹面污白色；幼体枕部有一白色横纹。栖息于山区林缘生境，以小型动物为食。华中、华南和西南等地都有分布。

保护状况：中国脊椎动物红色名录：无危（LC）

世界自然保护联盟（IUCN）濒危物种红色名录：无危（LC）

（十八）游蛇科 Colubridae

41. 链蛇属 *Lycodon* Boie，1826

（62）细白环蛇 *Lycodon subcinctus* Boie，1827

物种简介：全长约 500 mm，为中等大小的无毒蛇。头椭圆，略扁，头颈可区分；头背有一污白色宽横纹；体背以黑褐色为主，其上有污白色宽横纹，污白色横纹近乎等距；幼体时头背白色横纹清晰明显，成体后白色横纹逐渐变为污白色。栖息于山区和丘陵地带的灌丛、林间小道等生境，以蜥蜴等小型动物为食。国内分布于广西、广东、海南、香港、福建和澳门等地。

保护状况：中国脊椎动物红色名录：无危（LC）

世界自然保护联盟（IUCN）濒危物种红色名录：无危（LC）

（十八）游蛇科 Colubridae

42. 锦蛇属 *Elaphe* Fitzinger，1833

（63）王锦蛇 *Elaphe carinata*（Günther，1864）

物种简介：全长约 2 000 mm，为大型无毒蛇。头大，头颈区分明显；眼中等大小，虹膜紫棕色，瞳孔黑色；头背鳞片淡黄到黄色，具黑色边缘，黑色边缘呈王字形；躯干前段有黄色和深褐色相间横纹；躯干后端鳞片中央为淡黄色，其边缘为黑褐色，整体形成黑黄相间网状斑；腹面黄色，腹鳞缘端呈深褐色。栖息于山区、丘陵和平原等地带的灌丛、农耕地、果园、菜园、村舍等生境，以鸟、蛙、鼠和蛇等小型动物为食。我国大部分省份有分布。

保护状况：中国脊椎动物红色名录：濒危（EN）

（十八）游蛇科 Colubridae

42. 锦蛇属 *Elaphe* Fitzinger，1833

（64）玉斑锦蛇 *Elaphe mandarinus*（Cantor，1842）

物种简介：全长约 1 500 mm，为中大型的无毒蛇。头小，呈椭圆形，头颈区分不明显；头背颜色华丽，由黄黑两色组成图案，吻端有 1 道黑色横斑，接下来是黄色横纹，紧接有一似灭字形黑色斑；躯干以浅棕色为底色，其上有近等距黑色菱形斑，菱形斑中央有一黄色斑块；腹面乳白色，腹鳞缘端有黑色块状斑。栖息于山区、丘陵和平原地带的路边、林缘和灌丛等多种生境，以老鼠、蜥蜴等小型动物为食。国内大多数省份都有分布。

保护状况：中国脊椎动物红色名录：易危（VU）

世界自然保护联盟（IUCN）濒危物种红色名录：无危（LC）

（十八）游蛇科 Colubridae

42. 锦蛇属 *Elaphe* Fitzinger，1833

（65）百花锦蛇 *Elaphe moellendorffi*（Boettger，1886）

物种简介：全长约 2 000 mm，为大型无毒蛇。头大，呈梨形，头颈区分明显；头背浅棕红色，唇部浅灰色；颈至尾基以灰绿色为主，其上有 3 列嵌黑褐色边略呈六边形的淡草绿色斑，其中背部中央斑纹大于两侧斑纹；尾背茶褐色，有橘红色斑纹；体腹面有黑白相间的方斑。栖息于农耕地、路边、洞穴等生境，以小型脊椎动物为食。国内分布于广东、广西。

保护状况：中国脊椎动物红色名录：濒危（EN）

（十八）游蛇科 Colubridae

42. 锦蛇属 *Elaphe* Fitzinger，1833

（66）紫灰锦蛇 *Elaphe porphyraceus*（Cantor，1839）

物种简介：全长约 1 000 mm，为中等大小的无毒蛇。头长椭圆形，头颈区分不明显；头背棕褐色，头顶有 1 道黑色纵纹；体、尾为棕褐色，体侧自眼后各有 1 道黑褐色纵线沿脊背两侧延伸至尾部，体、尾还有间距近相等的马鞍形深褐色斑；腹面污白色，无斑。栖息于林缘、农耕地、村屯、果园、菜地、溪沟边等多种生境，以鼠类为食。长江以南大部分地区有分布。

保护状况：中国脊椎动物红色名录：无危（LC）

（十八）游蛇科 Colubridae

42. 锦蛇属 *Elaphe* Fitzinger，1833

（67）三索锦蛇 *Elaphe radiatus*（Boie，1827）

物种简介：全长约 1 500 mm，为中大型无毒蛇。头椭圆，眼适中，头颈能区分；躯干和尾修长；头背茶褐色，无斑，眼周有 3 道辐射状黑线纹；枕后有 1 道黑色横纹；体背黄褐色，躯干前段体侧有 2 道黑色纵纹，纵纹有黑白相间斑块；幼体时，躯干前段斑纹不明显，但躯干中后段有 4 道深黑色纵纹，其中靠近脊背 2 道较腹侧 2 道宽，近尾部后黑色纵纹逐渐变淡消失；腹面米黄色，无斑。栖息于山区、丘陵、平原等地带的农耕地、路边、菜园和果园等生境，以鼠、蛙、鸟等小型动物为食。分布于贵州、云南、广西、广东、福建和香港。

保护状况：国家二级保护动物

中国脊椎动物红色名录：濒危（EN）

世界自然保护联盟（IUCN）濒危物种红色名录：无危（LC）

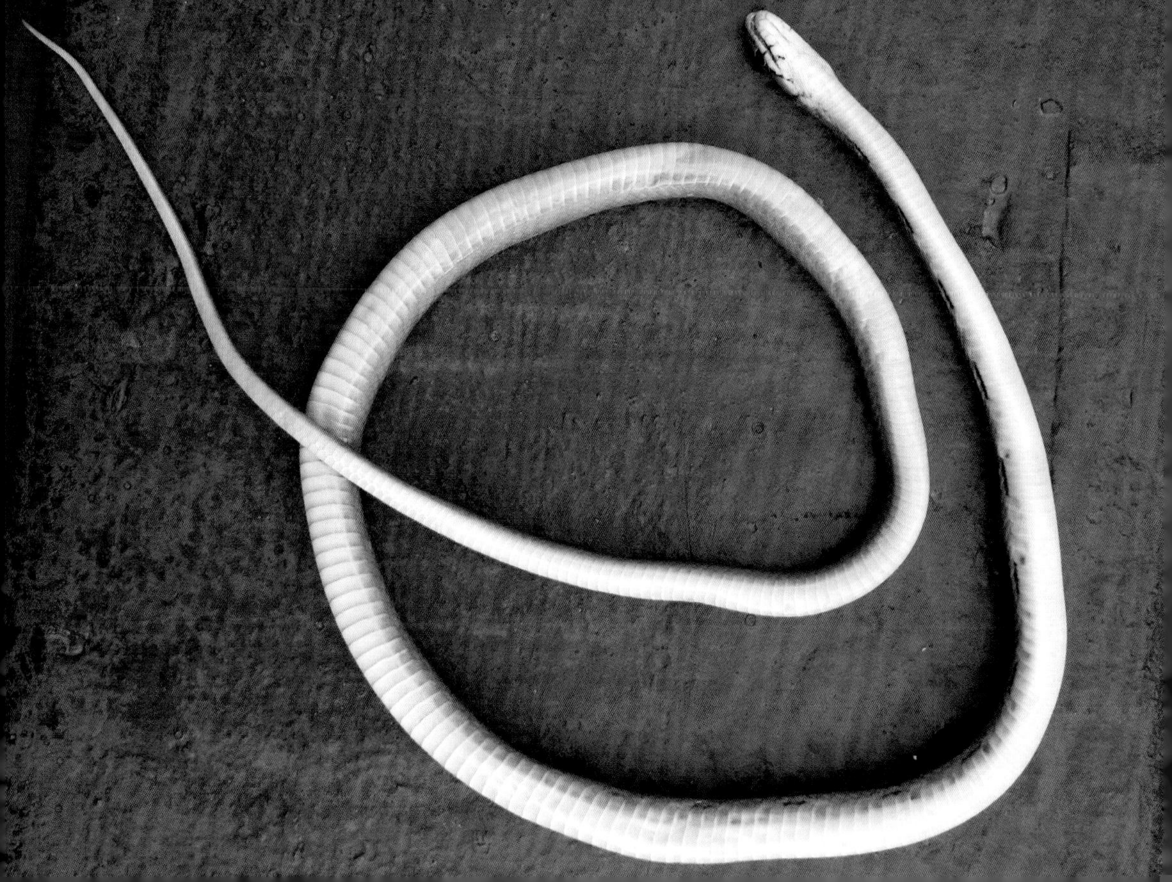

（十八）游蛇科 Colubridae

42. 锦蛇属 *Elaphe* Fitzinger，1833

（68）黑眉锦蛇 *Elaphe taeniurus*（Cope，1861）

物种简介：全长约 2 000 mm，为大型无毒蛇。头长椭圆形，头颈略可区分；头背黄绿色，无斑，眼后有 1 道黑色纵纹；体背中央是 1 道黄绿色纹贯穿至尾端，躯干前段有似梯形黑色斑纹，躯干中段体侧为污白色和草绿色形成的杂斑，躯干后端至尾部则逐渐变为灰褐色斑纹；体、尾腹面乳黄色，其上有黑褐色方斑。栖息于山区、丘陵和平原地带的农耕地、菜园、路边、灌丛等多种生境，以鼠、蛙、鸟等动物为食。国内广泛分布。

保护状况：中国脊椎动物红色名录：濒危（EN）

（十八）游蛇科 Colubridae

43. 腹链蛇属 *Amphiesma* Dumeril，Bibron and Dumeril，1854

（69）草腹链蛇 *Amphiesma stolatum*（Linnaeus，1758）

物种简介：全长 600 mm 左右，为中小型无毒蛇。头椭圆形，头颈区分不甚明显；头颈部黄褐色、茶褐色；体背以褐色为主，其上有深色横斑，体背两侧各有 1 道浅黄棕色的纵纹；体腹面以白色为主，其腹鳞两侧有深色腹链；尾腹面白色，无斑。栖息于山地、丘陵、平原地带的路边、旱地、水田、菜地和果园等多种生境，以蛙、昆虫等小型动物为食。华中、华南和西南等区域都有分布。

保护状况：中国脊椎动物红色名录：无危（LC）

（十八）游蛇科 Colubridae

44. 东亚腹链蛇属 *Hebius* Thompson，1913

（70）坡普腹链蛇 *Hebius popei*（Schmidt，1925）

物种简介：全长约 500 mm，为小型无毒蛇。头椭圆形，头颈可区分；头背浅棕色，近颌角处有一污白色圆斑，圆斑后有近椭圆形土棕红色大斑，左右椭圆形大斑几乎在颈部相连，头顶部还有一浅色顶斑；躯干和尾部灰褐色，背脊两侧各有一列浅黄色短横纹贯穿全身；腹面以灰色为主，腹鳞外侧缘有黑点，这些黑点前后缀连成腹链。栖息于稻田、田埂、水沟等水生生境，营半水栖生活，以鱼、蛙等为食。国内分布于贵州、湖南、云南、广东、广西和海南。

保护状况：中国脊椎动物红色名录：无危（LC）
世界自然保护联盟（IUCN）濒危物种红色名录：无危（LC）

（十八）游蛇科 Colubridae

45. 颈棱蛇属 *Macropisthodon* Boulenger，1893

（71）颈棱蛇 *Macropisthodon rudis* Boulenger，1906

物种简介：全长约 900 mm，为中等体型的无毒蛇。体型较粗壮，头大，呈三角形，眼中等大小，头颈区分十分明显；头背黑褐色，无斑；体背茶褐色，有 2 列深褐色圆斑（其中颈背斑纹似长方形），圆斑间污白色鳞片形成网纹；受惊吓时颈部肌肉收缩做攻击状。栖息于山区灌丛、石堆、无水沟渠内，以蛙、蟾蜍等为食。华中、华东、华南和西南等地都有分布。

保护状况：中国脊椎动物红色名录：无危（LC）

世界自然保护联盟（IUCN）濒危物种红色名录：无危（LC）

（十八）游蛇科 Colubridae

46. 颈槽蛇属 *Rhabdophis* Fitzinger，1843

（72）红脖颈槽蛇 *Rhabdophis subminiatus*（Schlegel，1837）

物种简介：全长约 1 000 mm，为中等体型的有毒蛇。头椭圆形，眼大，头颈区分明显；颈背正中有一纵行浅凹槽；头部、枕部橄榄绿，枕后有一褐色横纹，脖子和躯干前段为浅橘红色，其上有浅褐色横斑；躯干中后段体色为草绿色；腹面乳黄色。栖息于山间小路、农耕地、菜园、果园等生境，以蛙、蟾蜍等为食。分布于华东、华南和西南等地区。

保护状况：中国脊椎动物红色名录：无危（LC）

世界自然保护联盟（IUCN）濒危物种红色名录：无危（LC）

（十八）游蛇科 Colubridae

46. 颈槽蛇属 *Rhabdophis* Fitzinger，1843

（73）虎斑颈槽蛇 *Rhabdophis tigrinus*（Boie，1826）

物种简介：全长约 1 000 mm，为中等体型的有毒蛇。头椭圆形，眼大，头颈区分明显；颈背正中央有浅凹槽；头背橄榄绿，眼后有黑色斑，枕后有似 W 形黑斑；颈及躯干前半段猩红色，具黑色横斑，其背中央散布有橄榄色斑；躯干中后段以草绿色为主，其上有深绿色横纹；体腹面黄绿色。栖息于多草农田、水沟、溪沟和水塘等生境，以蛙、蟾蜍等为食。国内广泛分布。

保护状况：中国脊椎动物红色名录：无危（LC）

（十八）游蛇科 Colubridae

47. 渔游蛇属 *Xenochrophis* Günther，1864

（74）渔游蛇 *Xenochrophis piscator*（Schneider，1799）

物种简介：全长约 900 mm，为中等体型的无毒蛇。头椭圆形，头颈可区分；头背橄榄绿色，眼中等大小，其后有 2 道黑色饰纹，颈后有 V 形黑斑；躯干前端零星散布有黑色斑，躯干中后段和尾草黄色，无斑；腹面污白色，腹鳞基部黑色。栖息于水田、水沟、水塘等有水的生境，营半水栖生活，以鱼、蝌蚪、蛙等动物为食。国内大多省份有分布。

保护状况：中国脊椎动物红色名录：无危（LC）

（十八）游蛇科 Colubridae

48. 后棱蛇属 *Opisthotropis* Günther，1872

（75）广西后棱蛇 *Opisthotropis guangxiensis* Zhao，Jiang and Huang，1978

模式产地：金秀大瑶山

物种简介：全长约 450 mm，为中小型无毒蛇。头椭圆形，眼小，头颈区分不明显；体背橄榄绿，体背两侧有橘红色或淡黄色的横斑，在体前段这些横斑纹则变为近椭圆的斑纹，通常斑纹的外沿为褐色；体腹面乳黄色，无斑，尾腹面则有褐色细点。栖息于林区溪沟附近，营半水栖生活，以蚯蚓、昆虫等小型动物为食。在广西和湖南有分布。

保护状况：中国脊椎动物红色名录：近危（NT）

世界自然保护联盟（IUCN）濒危物种红色名录：近危（NT）

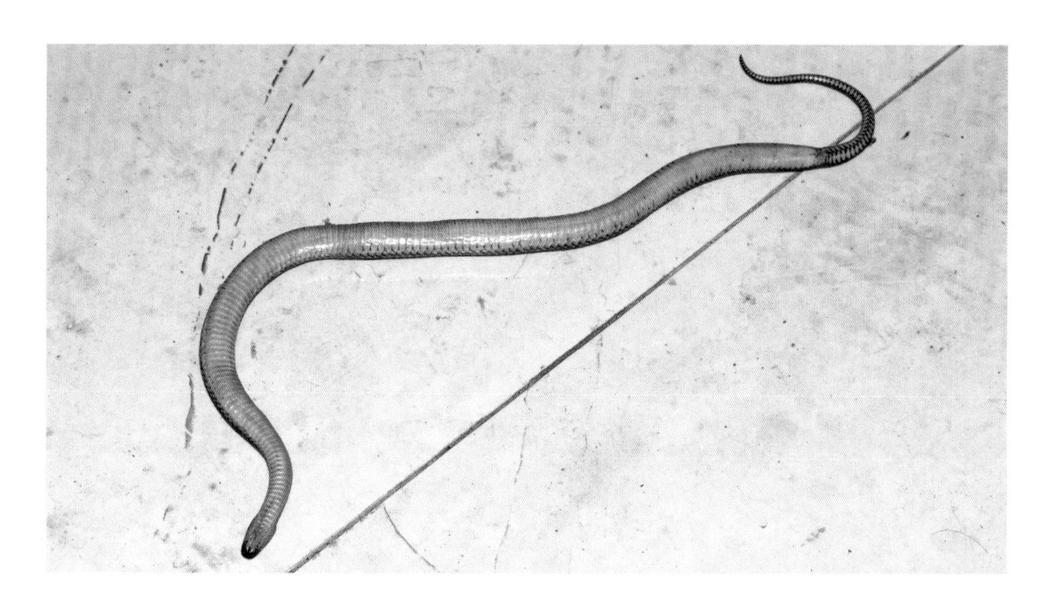

（十八）游蛇科 Colubridae

48. 后棱蛇属 *Opisthotropis* Günther，1872

（76）山溪后棱蛇 *Opisthotropis latouchii*（Boulenger，1899）

物种简介：全长约 500 mm，为中小型无毒蛇。头椭圆形，头颈区分不明显；头背橄榄绿色，无斑；背面以茶褐色为主，往腹面两侧颜色变淡，有淡黄色条纹；腹部乳黄色。栖息于山溪、水沟或稻田等环境中，营半水栖生活，以蚯蚓等小型动物为食。分布于华中、华东和华南等地。

保护状况：中国脊椎动物红色名录：无危（LC）

世界自然保护联盟（IUCN）濒危物种红色名录：无危（LC）

（十八）游蛇科 Colubridae

49. 华游蛇属 *Sinonatrix* Rossman and Eberle，1977

（77）环纹华游蛇 *Sinonatrix aequifasciata*（Barbour，1908）

物种简介：全长约 1 000 mm，为中等体型的无毒蛇。头略呈三角形，眼中等大小，头颈区分明显；头背绛红色，无斑；躯干和尾部浅橄榄绿色，其上有不规则棕褐色斑纹；体腹面乳白色，侧面腹鳞有黑褐色斑。栖息于水沟、溪沟等生境，营半水栖生活，以鱼、蛙等动物为食。华中、华东、华南和西南等地区有分布。

保护状况：中国脊椎动物红色名录：易危（VU）

世界自然保护联盟（IUCN）濒危物种红色名录：无危（LC）

（十八）游蛇科 Colubridae

49. 华游蛇属 *Sinonatrix* Rossman and Eberle，1977

（78）赤链华游蛇 *Sinonatrix annularis*（Hallowell，1856）

物种简介：全长约 600 mm，为中小型水栖无毒蛇。头椭圆形，头颈区分不甚明显；体背颜色以橄榄色为主，其上有浅褐色横纹，体侧两横纹间呈橘红色；头腹面白色，无斑，体、尾腹面橘红色。栖息于水田、水塘、水沟、溪沟等有水的环境，以鱼、蛙等小型动物为食。广泛分布于国内的大多数省份。

保护状况：中国脊椎动物红色名录：易危（VU）

（十八）游蛇科 Colubridae

49. 华游蛇属 *Sinonatrix* Rossman and Eberle，1977

（79）乌华游蛇 *Sinonatrix percarinata*（Boulenger，1899）

物种简介：全长约 1 000 mm，为中等大小的无毒蛇。头椭圆形，头颈可区分；头背橄榄绿色，无斑；体背浅橄榄绿色，有浅褐色横纹；腹面污白色，有褐色方斑。栖息于山区、丘陵和平原地带的农田、水沟、溪流等有水的环境，以蛙、鱼等动物为食。我国大部分地区广泛分布。

保护状况：中国脊椎动物红色名录：易危（VU）

世界自然保护联盟（IUCN）濒危物种红色名录：无危（LC）

参考文献

大瑶山自然资源综合考察队，1988. 广西大瑶山自然资源考察［M］. 上海：学林出版社：464-465.

费梁，胡淑琴，叶昌媛，等，2006. 中国动物志：两栖纲：上卷［M］. 北京：科学出版社.

费梁，胡淑琴，叶昌媛，等，2009. 中国动物志：两栖纲：中卷、下卷［M］. 北京：科学出版社.

费梁，叶昌媛，2000. 白颌大角蟾及其相关物种的分类探讨：两栖纲：锄足蟾科［J］. 两栖爬行动物研究，8：59-63.

费梁，叶昌媛，黄永昭，等，2005. 中国两栖动物检索及图解［M］. 成都：四川科学技术出版社.

费梁，叶昌媛，江建平，等，2008. 中国蛙科二新种 Ranidae 及黑带水蛙种组的系统关系［J］. 动物分类学报，33（1）：199-206.

广西动物学会，1988. 广西陆栖脊椎动物名录［M］. 桂林：广西师范大学出版社：1-11.

胡淑琴，田婉淑，吴贯夫，1981. 广西蛙类三新种［J］. 两栖爬行动物研究，5（17）：111-120.

李汉华，卢立仁，张忠如，1982. 广西金秀县瑶山林区鸟类调查初报［J］. 广西师范大学学报（自然科学版）（0）：84-90，43.

刘承钊，胡淑琴，1962. 广西两栖爬行动物初步调查报告［J］. 动物学报，14（增刊）：73-104.

刘承钊，胡淑琴，田婉淑，等，1978. 四川、广西两栖动物四新种（摘要）［J］. 两栖爬行动物研究资料，4：18-19.

莫运明，韦振逸，陈伟才，2014. 广西两栖动物彩色图鉴［M］. 南宁：广西科学技术出版社：1-282.

莫运明，周世初，谢志明，等，2007. 广西两栖动物四种新纪录［J］. 两栖爬行动物研究，11：15-18.

莫运明，周天福，谢志明，2004. 我国三种两栖动物在广西的新分布［J］. 动物学杂志，39（4）：92-94.

任国荣，1929. 广西瑶山鸟类之研究：续集［M］. 广州：中山大学出版社.

谭伟福，罗保庭，2010. 广西大瑶山自然保护区生物多样性研究及保护［M］. 北京：中国环境科学出版社：78-79.

温业棠，1987. 广西有尾目新纪录：尾斑瘰螈［J］. 两栖爬行动物学报，6（3）：80.

辛树帜，1928. 广西瑶山动植物采集记略［J］. 自然科学（4）：178-185.

张玉霞，1987. 广西两栖类的调查及区系研究［J］. 两栖爬行动物学报，6（1）：52-58.

张玉霞，2002. 树蟾科及其属种检索［J］. 四川动物，21（3）：198-199.

张玉霞，唐振杰，1983. 广西两栖动物新纪录［J］. 广西师范大学学报（自然科学版）（1）：70-77.

张玉霞，温业棠，2000. 广西两栖动物［M］. 桂林：广西师范大学出版社：1-183.

赵尔宓，2006. 中国蛇类：上、下［M］. 合肥：安徽科学技术出版社.

赵尔宓，黄美华，宗愉，等，1998. 中国动物志：爬行纲　第三卷　有鳞目　蛇亚目［M］. 北京：科学出版社.

周放，蒋爱伍，陆舟，2005. 广西两栖类：新记录　镇海林蛙［J］. 广西农业生物科学，24（3）：248，263.

CHANG M L Y, 1947. Herpetological notes on Kwangsi［J］. Transactions of the Chinese Association for the Advancement of Science，9：85-120.

CHEN W C, LIAO X W, ZHOU S C, et al.，2018. Rediscovery of *Rhacophorus yaoshanensis* and *Theloderma kwangsiensis* at their type localities after five decades［J］. Zootaxa，4379（4）：484-496.

HOU M, YU G H, CHEN H M, et al.，2017. The Taxonomic Status and Distribution Range of Six *Theloderma* Species（Anura：Rhacophoridae）with a New Record in China［J］. Russian Journal of Herpetology，24（2）：99-127.

HUANG H Y, CHEN Z N, WEI Z H, et al.，2017. DNA barcoding revises a misidentification on mossy frog：new record and distribution extension of *Theloderma corticale*，Boulenger，1903（Amphibia：Anura：Rhacophoridae）［J］. Mitochondrial DNA Part A，29（2）：273-280.

LU Y Y, LI P P，JIANG D B，2007. A New Species of *Rana*（Anura，Ranidae）from China［J］. Acta Zootaxonomica Sinica，32（4）：792-801.

LYU Z T, MO Y M, WAN H, et al.，2019. Description of a new species of Music frogs（Anura，Ranidae，*Nidirana*）from Mt Dayao，southern China［J］. ZooKeys，858：109-126.

NISHIKAWA K, JIANG J P, MATSUI M, et al.，2011. Unmasking *Pachytriton labiatus*（Amphibia：Urodela：Salamandridae），with description of a new species of *Pachytriton* from Guangxi，China［J］. Zoological Science，28：453-461.

RAO D Q, WILKINSON J A, LIU H N，2006. A new species of *Rhacophorus*（Anura：Rhacophoridae）from Guangxi Province，China［J］. Zootaxa，1258：17-31.

WU Y K, ROVITO S M, PAPENFUSS T J, et al.，2009. A new species of the genus *Paramesotriton*（Caudata：Salamandridae）from Guangxi Zhuang Autonomous Region，southern China［J］. Zootaxa，2060：59-68.

ZHAO E M, ADLER K，1993. Herpetology of China［M］. Society for the Study of Amphibians and Reptiles：1-522.

附录 1　中文名索引

附录 2　拉丁文名索引

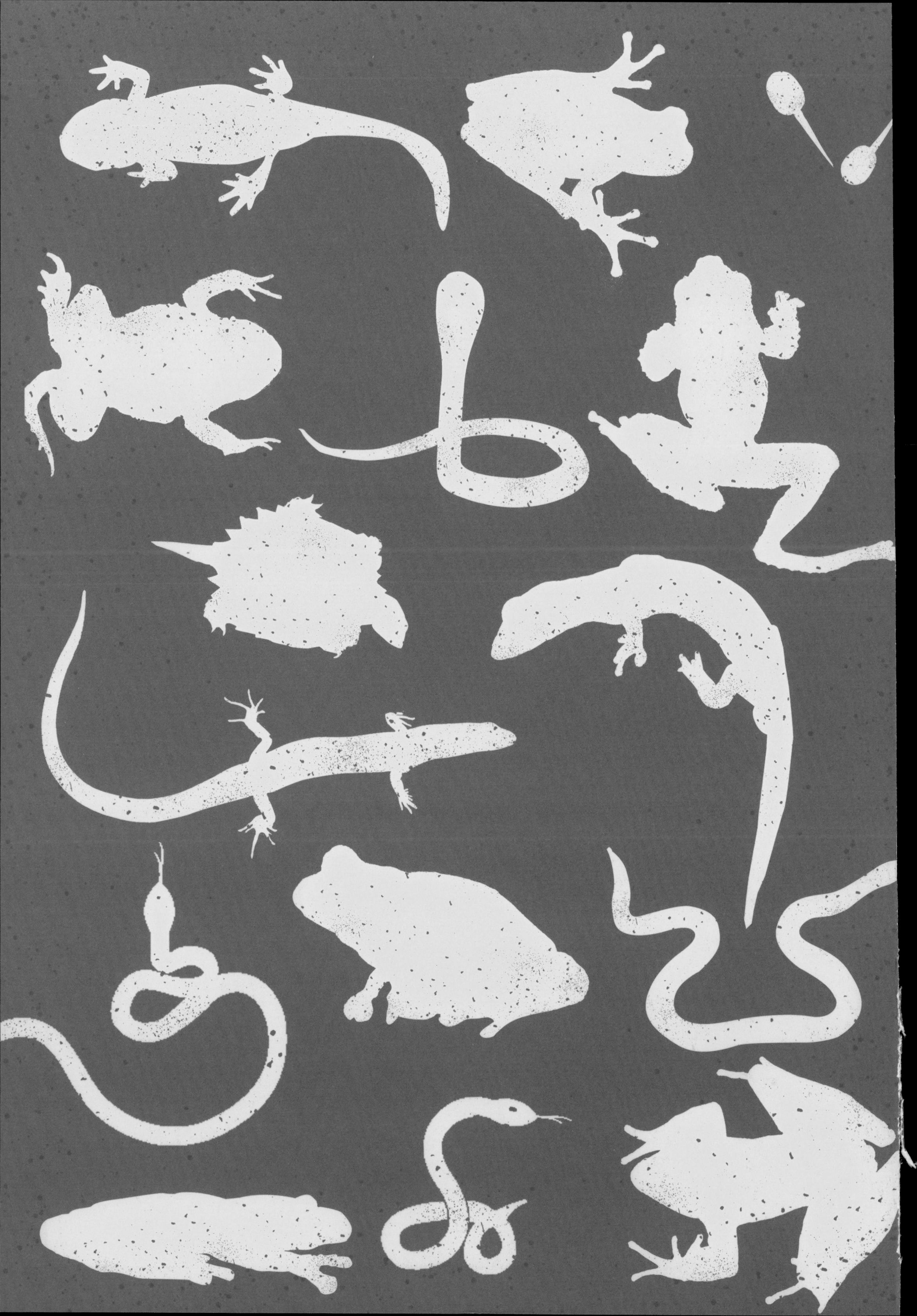